Christian Kotschote

Widerstandspunktschweißen mit Stanzelement

Fertigungstechnik –
aus den Grundlagen für die Anwendung

Schriften aus der Ilmenauer Fertigungstechnik

Herausgegeben von
Univ.-Prof. Dr.-Ing. habil. Jean Pierre Bergmann
(Technische Universität Ilmenau).

Band 7

Widerstandspunktschweißen mit Stanzelement

Prozesstechnische und werkstoffliche Besonderheiten von Aluminium-Stahl-Blechverbindungen

Christian Kotschote

Universitätsverlag Ilmenau
2019

Impressum

Bibliografische Information der Deutschen Nationalbibliothek
Die Deutsche Nationalbibliothek verzeichnet diese Publikation in der Deutschen Nationalbibliografie; detaillierte bibliografische Angaben sind im Internet über http://dnb.d-nb.de abrufbar.

Diese Arbeit hat der Fakultät für Maschinenbau der Technischen Universität Ilmenau als Dissertation vorgelegen.

Tag der Einreichung:	13. April 2018
1. Gutachter:	Univ.-Prof. Dr.-Ing. habil. Jean Pierre Bergmann (Technische Universität Ilmenau)
2. Gutachter:	Prof. Dr.-Ing. Heiko Rudolf (Hochschule Anhalt, Köthen)
3. Gutachter:	Dr.-Ing. Michael Korte (Audi AG)
Tag der Verteidigung:	02. November 2018

Technische Universität Ilmenau/Universitätsbibliothek
Universitätsverlag Ilmenau
Postfach 10 05 65
98684 Ilmenau
http://www.tu-ilmenau.de/universitaetsverlag

ISSN 2199-8159
ISBN 978-3-86360-199-7 (Druckausgabe)
URN urn:nbn:de:gbv:ilm1-2018000583

Meinen Eltern gewidmet

Danksagung

Die Durchführung eines Dissertationsvorhabens ist selten eine Eigenleistung. Viel mehr wird das Ziel der Dissertation nur mit der Unterstützung weiterer Personen aus den verschiedensten Lebensbereichen erreicht. Aus diesem Grund möchte ich die nächsten Zeilen nutzen und Danke sagen.

Meine Dissertation entstand während der Tätigkeit als Doktorand in der Vorentwicklung für Korrosionsschutz, Umweltsimulation sowie Fügetechnik der AUDI AG in Ingolstadt und wurde von der Ilmenauer Fertigungstechnik der Technischen Universität Ilmenau betreut.

Mein besonderer Dank richtet sich an Herrn Prof. Dr.-Ing. habil. Jean Pierre Bergmann, Leiter des Fachgebiets Fertigungstechnik an der Technischen Universität Ilmenau, für die Ermöglichung der Arbeit, Betreuung dieser sowie der vielen wertvollen Anregungen.

Weiterhin gilt mein Dank in besonderem Maße Herrn Prof. Dr.-Ing. Heiko Rudolf, Professor für spanlose Fertigung an der Hochschule Anhalt, für die jahrelange Unterstützung, den fachlichen Austausch und den unermüdlichen Diskussionen. Die Betreuung habe ich sowohl anspruchsvoll als auch sehr effizient empfunden.

Einen großen Dank möchte ich ebenfalls an meine Mentoren bei der AUDI AG richten. Dazu zählt Herr Dr.-Ing. Christian Neudel, ohne ihn das Thema nicht zustande gekommen wäre. Vielen Dank, dass du mir die nötigen Freiheiten gegeben, nie die Zuversicht verloren und mich jeder Zeit unterstützt hast.

Herr Dr.-Ing. Michael Korte, damaliger Leiter der Vorentwicklung für Korrosionsschutz, Umweltsimulation sowie Fügetechnik der AUDI AG, danke ich für das entgegengebrachte Vertrauen, die Projektverantwortung in der Abteilung ausüben zu können.

Ein großes Dankeschön gilt Herrn Dr.-Ing. Carsten Bär, der unermüdlich an mich geglaubt hat und den Harald Kudliczka, Arpad Kiszner, Narcis Kohlen und Johann Drexler für die vielen unterstützenden Tätigkeiten. Außerdem möchte ich mich bei allen Kollegen der Fügetechnik, Korrosionsschutz, Technologieentwicklung und Qualitätssicherung sowie bei allen studentischen Hilfskräften bedanken, die am Gelingen der Arbeit mitgewirkt haben.

Abschließend möchte ich mich von ganzen Herzen bei meiner gesamten Familie, vor allem bei meinen Eltern Marilyn und Lutz sowie meiner Schwester Janine, bedanken. Ihr habt mich bei jeder Entscheidung unterstützt und immer an mich geglaubt. Besonderer Dank gilt meiner Freundin Ramona und unserer Tochter Aurelia, welche mir zum Ende hin die nötige Kraft und Unterstützung gegeben haben, die Promotion erfolgreich abzuschließen.

Kurzzusammenfassung

Aluminium und Stahl sind Leichtbauwerkstoffe und im Automobilbau nicht mehr wegzudenken. Beide Werkstoffe miteinander zu verbinden, stellt besonders die Fügetechnik vor großen Herausforderungen. Das Fügen mittels Widerstandspunktschweißen oder anderen thermischen Fügeverfahren führt beim Verbinden von Aluminium mit Stahl in der Regel zur Ausbildung von intermetallischen Phasen. Zusätzlich erschweren die unterschiedlichen Eigenschaften der beiden Werkstoffe den Schweißprozess und damit einen Einsatz im Fahrzeugbau. Aufgrund der hohen Zugfestigkeit höchstfester Stähle gelangen mechanische Fügeverfahren, wie beispielsweise das Halbhohlstanznieten, ebenfalls an ihre Prozessgrenzen. Mit Hilfe eines zusätzlichen Stanzelements wurde ein neuartiger Ansatz zum Widerstandspunktschweißen von Aluminium und Stahl entwickelt und dessen prozesstechnische und werkstoffliche Besonderheiten erforscht. Das Ziel war die Bestimmung der Verbindungsausbildung vom Stanzelementprozess und der Einfluss der Schweißlinsenbildung auf die Charakteristik der Gesamtverbindung. In den Untersuchungen konnte die Buckelhöhe als grundlegende Prozessgröße identifiziert werden. Weiterhin wurde festgestellt, dass die Schmelzenbildung im Stahl beginnt. Die Untersuchungen der Schweißlinsenbildung und deren Einfluss auf die Elementverformung brachte die Erkenntnis, dass die Ausprägung des Stanzelements im Aluminiumsubstrat dominierend durch den Stanzelementprozess gesteuert wird. Eine thermische Belastung innerhalb der Schweißbereichsgrenzen beeinflusst die geometrischen Kennwerte nur geringfügig. Mithilfe einer eigens entwickelten Kopfzugmethode konnte der Nachweis erbracht werden, dass die Vorbelastung des Stanzelements einen Einfluss auf das Versagensverhalten hat. Zudem war es mit dieser Prüfung möglich, die Verbindungsfestigkeiten sowohl nach dem Primär- als auch nach dem Sekundärprozess zu bestimmen. Der Vergleich der Kopfzugkräfte ergab eine festigkeitsmindernde Wirkung des Schweißprozesses. Untersuchungen des Aluminiumsubstrates zeigten Erholungs- und Rekristallisationsvorgänge entlang der Prozesskette, welche als Ursache für die festigkeitsmindernde Wirkung identifiziert wurde. Eine Möglichkeit zur Erhöhung der Verbindungsfestigkeit konnte durch eine nachträgliche Ausscheidungshärtung des Aluminiummaterials erreicht werden.

Abstract

Aluminum and steel are indispensable lightweight construction materials for the automobile manufacturing. Joining both materials with each other origins great challenge. Joining by means of resistance spot welding or other thermal joining methods leads to the formation of intermetallic phases. In addition, the different properties of both materials complicate the welding process and with it an application in the vehicle manufacturing. As a result of the high tensile strength of steels, mechanical joining methods, for example self-piercing rivets, reach also to their process limits. By means of a punching element additionally a new approach of the resistance spot welding was developed. To join aluminum and steel the procedural and mechanical specifics were investigated. The goal was the determination of the mechanical formation in the punching element process and the influence of the nugget formation on the characteristic of the total connection. In the investigations the projection of element could be identified as a basic process value. Furthermore, it was found out that the nugget formation begins in the steel. The investigations of the nugget formation and their influence on the deformation of element showed that the forming of the punching element in the aluminum substrate is steered dominating through the punching process. Insides the border of welding area a thermal load influences the geometrical values only slightly. By means of a specially developed cross tension method the proof could be established that the preload of the punching element has an influence on the failure behavior. Besides, with this investigation it was possible to determine the connecting strength after the primary process as well as after the secondary process. The comparison of the cross tensile load revealed a strength-reducing effect of the welding process. Investigations of the aluminum substrate showed a recreation and recrystallization process along the process chain. This process was identified as a cause for the strength-reducing effect. A possibility to increase the connecting strength could be reached by an additional precipitation of the aluminum material.

Inhaltsverzeichnis

Abkürzungsverzeichnis

Abkürzung	Beschreibung
Al	Aluminium
AS150	Al-Si-Überzug der Stahloberfläche mit Angabe der Auflagemasse
B	Bor
C	Kohlenstoff
CAD	Computer Aided Design
CO_2	Kohlenstoffdioxid
Cr	Chrom
Cu	Kupfer
DIN	Deutsche Industrienorm
DVS	Deutscher Verband für Schweißen und verwandte Verfahren
EBSD	Beugungsgitteranalyse (Electron backscatter diffraction)
EDX	Energiedispersive Röntgenspektroskopie (Energy dispersive X-ray spectroscopy)
Fa.	Firma
Fe	Eisen
FEM	Finite-Elemente-Methode
Fe_xAl_y	Intermetallische Phase aus Eisen und Aluminium im Verhältnis x zu y
FHE	Fügehilfselement (Stanzelement)
FIB	Zielpräparation einer Probe für TEM-Untersuchung (Focused Ion Beam)
GW	Grundwerkstoff
Kap.	Kapitel
krz	Kubisch raum zentriert
M	Matrize
Mg	Magnesium
Mn	Mangan
Mo	Molybdän

Abkürzung	Beschreibung
Ni	Nickel
O	Sauerstoff
OFL	Oberfläche
P	Phosphor
Primär-prozess	Stanzelementprozess, Einstanzen des Elements in das Aluminiumsubstrat
REM	Rasterelektronenmikroskop
S	Schwefel
SAED	Beugungsgitteranalyse (Selected area electron diffraction)
Sekundärprozess	Schweißprozess, Schweißen des Stanzelements mit Stahl
Si	Silizium
SL	Schweißlinse
Sn	Zinn
St	Stahl
T4	Werkstoffzustand Aluminium: lösungsgeglüht, kaltausgelagert
T6	Werkstoffzustand Aluminium: lösungsgeglüht, warmausgelagert (205 °C, 20 min)
T64	Werkstoffzustand Aluminium: lösungsgeglüht, warmausgelagert (185 °C, 20 min)
TEM	Transmissionselektronenmikroskop
Ti	Titan
VR	Versuchsreihe
WEZ	Wärmeeinflusszone
Zn	Zink

Formelverzeichnis

Symbol	Einheit	Beschreibung
Physikalische Größen		
α	1/K	Wärmeausdehnungskoeffizient
C	J/K	Wärmekapazität
λ	W/mK	Wärmeleitfähigkeit
ρ	g/cm³	Dichte
σ_F	N/mm²	Fließspannung
υ	K	Temperatur
υ_S	°C	Schmelztemperatur
T_0	°C	Starttemperatur
T	°C	Temperatur
T_{Sim}, T_{Exp}	°C	Temperatur (Simulation und Experiment)
E	N/mm²	Elastizitätsmodul
Q	J	Wärmemenge
Q_L	KJ/Kg	Latente Wärme
ρ_{el}	Ωmm²/m	Spezifischer elektrischer Widerstand
A	mm²	Querschnittsfläche
J	A/mm²	Stromdichte
L	mm	Elektrische Leiterlänge
R	µΩ	Elektrischer Widerstand
$R_{1\text{-}7}$	µΩ	Einzelwiderstände
R_G	µΩ	Gesamtwiderstand
R_S	µΩ	Stoffwiderstand
$R_Ü$	µΩ	Übergangswiderstand

Symbol	Einheit	Beschreibung
F_B	kN	Bolzensetzkraft
F_E	kN	Elektrodenkraft
F_{Sk}	kN	Setzkraft
I_{min}, I_{max}	kA	Minimale und maximale Stromstärke
I_S	kA	Schweißstrom
t	s	Zeit
t_P	ms	Prozesszeit
t_S	ms	Schweißzeit

Geometrische Größen

d	mm	Durchmesser
d_F	mm	Fußdurchmesser
d_{F0}	mm	Fußdurchmesser vor dem Einstanzen des Elements
d_K	mm	Kopfdurchmesser
d_L	mm	Schweißlinsendurchmesser
d_M	mm	Matrizendurchmesser
d_S	mm	Schmelzendurchmesser
d_{WEZ}	mm	Durchmesser der Wärmeeinflusszone
r_{Al}	mm	Aluminiumeinlaufradius
r_{Ek}	mm	Elementkopfradius
t_1, t_2	mm	Materialdicke
t_L	mm	Linseneindringtiefe
u	mm	Hinterschnitt
l	mm	Länge

Symbol	**Einheit**	**Beschreibung**
x_H	mm	Elementkopfhöhe
x_K	mm	Elementkopfendlage, Buckelhöhe
x_L	mm	Stauchmaß
x_M	mm	Matrizentiefe
x_R	mm	Restbodendicke
x_S	mm	Spalthöhe zwischen dem Aluminiumsubstrat und Stahlblech
x_{Sk}	mm	Schließkopfhöhe

Größen zur Bewertung mechanisch-technologischen Eigenschaften

A	%	Bruchdehnung
F	kN	Kraft
F_K	kN	Kopfzugkraft
F_S	kN	Scherzugkraft
R_m	N/mm^2	Zugfestigkeit
$R_{p0,2}$	N/mm^2	Streckgrenze
s	mm	Weg
W_B	J	Brucharbeit

1 Motivation

Weltweit sind Automobilhersteller bestrebt, den Kraftstoffverbrauch und die damit einhergehenden CO_2-Emissionen konsequent zu minimieren. Maßnahmen wie verbrauchsreduzierte Motoren und neuartige Antriebssysteme reichen allein nicht aus, um die gesetzlichen Vorgaben zu erreichen sowie die wachsenden Kundenanforderungen nach Sicherheit und Komfort umzusetzen. Die Reduzierung der Fahrzeugmasse nimmt als Lösung für diese Aufgabe einen zentralen Punkt ein. Durch den damit anhaltenden Trend zum Leichtbau hat sich die Multi-Material-Bauweise mittlerweile in vielen Fahrzeugkarosserien etabliert. Als Beispiel kann der neue Audi Q7 aus Abbildung 1 herangezogen werden.

An dieser Fahrzeugkarosserie ist zu erkennen, dass der Anteil von Aluminiumstrukturen sowie Aluminium-Stahl-Verbindungen zunimmt. Dabei werden Werkstoffe an den Stellen eingesetzt, wo ihre spezifischen Eigenschaften am stärksten zum Tragen kommen. Insgesamt bestehen über 40 % der Materialien im Fahrzeug aus einer Aluminiumlegierung. Im Vergleich dazu bestand das Vorgängermodell nur aus Stahl [ALB15].

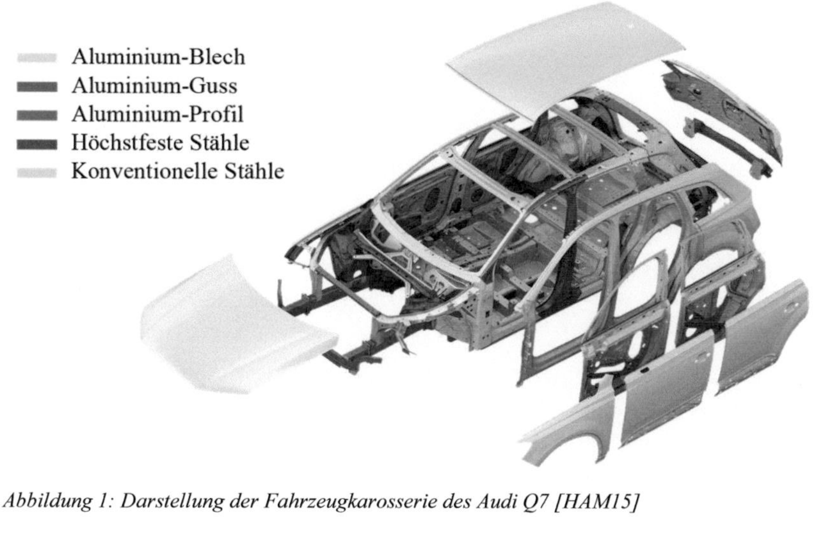

Abbildung 1: Darstellung der Fahrzeugkarosserie des Audi Q7 [HAM15]

In der Multi-Material-Bauweise zeigen besonders höchstfeste Stähle, wie ein 22MnB5, ein hohes Leichtbaupotenzial. Diese Materialien kommen vorwiegend in sicherheitsrelevanten Bereichen als A- und B-Säule, Getriebetunnel sowie Schweller zum Einsatz [LAR09]. Aluminiumwerkstoffe hingegen werden als Anbau- oder Außenhautteilen, wie der Seitenwandrahmen, das Dachmodul, die Front- und Heckklappe sowie die Türen verwendet. Das Karosseriegewicht des neuen Audi Q7´s konnte gegenüber seinem Vorgänger durch den gezielten Einsatz verschiedener Materialien um 71 kg reduziert werden [ALB15].

Obwohl mit dem Audi Q7 konstruktiv eine Lösung aufgezeigt werden kann, sind die Herausforderungen besonders beim Verbinden von Aluminiumlegierungen mit höchstfesten Stählen groß. Thermische Fügeverfahren führen beim Verbinden von Aluminium mit Stahl in der Regel zur Ausbildung von intermetallischen Phasen [POH99]. Diese weisen einen spröden Charakter auf und setzen ab einer bestimmten Größe die Duktilität herab. Die unterschiedlichen Eigenschaften der beiden Werkstoffe, wie Schmelztemperatur, Wärmeleitfähigkeit sowie Wärmeausdehnungskoeffizient erschweren den Schweißprozess.

Durch diesen Aspekt haben mechanische Fügeverfahren, wie beispielsweise das Halbhohlstanznieten, im Karosseriemischbau immer mehr an Bedeutung gewonnen. Höchstfeste Stähle können aber durch Warmumformungs- und Vergütungsprozesse eine Zugfestigkeit über 1500 MPa erreichen, sodass die mechanischen Fügeverfahren mit einer Fügeteilfestigkeit bis 800 MPa ebenfalls an ihre Verfahrensgrenzen gelangen [SIK15, GRE02]. Das veränderte Fließ- bzw. Werkstoffverhalten beim Schneiden und Umformen dieser Werkstoffe führt beispielsweise zur Rissbildung im Nietschaft [MES16, KOR00] oder zu einer fehlerhaften Hinterschnittbildung [MOR06]. Eine Integration dieser Stähle in die Fahrzeugkarosserie erfolgt deshalb aktuell über einer zusätzlichen Vorlochoperation oder einer lokalen Werkstoffentfestigung [KRA11].

Darüber hinaus sind im Karosseriebau auch Anforderungen hinsichtlich Korrosionsschutz, Langzeitbeständigkeit, Nutzung konventioneller Anlagentechnik oder auch Optik zu berücksichtigen. Das Ergebnis zeigt sich in der Tatsache, dass im Audi Q7 insgesamt zwölf verschiedene Verbindungstechnologien im Karosseriebau zur Anwendung kommen. Darunter befinden sich zwei neue Verfahren wie das Reibelementschweißen und Sonderhalbhohlstanznieten. Ersteres wird beispielsweise verwendet, um

Aluminium- mit Stahlbauteile am vorderen Längsträger sowie Tunnelbereich zu verbinden [ALB15]. Die steigende Anzahl an notwendigen Fügeverfahren sowie Zusatzoperationen führt zu einer deutlich höheren Komplexität im Karosseriebau und somit zu einem fertigungstechnischen wie wirtschaftlichen Mehraufwand. Aus diesem Grund sind Fahrzeughersteller bestrebt, eine einfache fügetechnische Lösung für das Verbinden von Aluminium- mit höchstfesten Stahlstrukturen umzusetzen und gleichzeitig die Fügekomplexität zu mindern.

Ein Lösungsansatz bietet die lokale Äderung der Eigenschaften, um ein Fügen von Mischbaukarosserien zu ermöglichen. Als Beispiel kann der Einsatz eines Bimetalls herangezogen werden [CHA99]. Das Potenzial zeigt sich darüber hinaus bei der Anwendung zweischrittiger Fügeverfahren wie das Widerstandselementschweißen (Abbildung 5) im Volkswagen Passat B8 [FRA15]. Als Voroperation wird ein Stahlelement in das Aluminiumbauteil eingebracht. Der wesentliche Fügeprozess mit der Stahlstruktur erfolgt anschließend durch das Widerstandspunktschweißen. Mit diesem Ansatz wird ein Fügeverfahren angeboten, das zwar einen scheinbar höheren Fügeaufwand in sich birgt, aber offensichtlich die Lösung bietet. Die lokale Anpassung der Eigenschaften erfordert ein tiefes Prozessverständnis. Somit wird zur Realisierung von Mischbaukarosserien, zweischrittigen Fügetechnologien eine Schlüsselposition zugeschrieben.

2 Stand der Technik

2.1 Thermisches Fügen von Aluminium und Stahl

Das thermische Fügen von Aluminium mit Stahl bzw. Eisen-Basis-Legierungen ist mit vielen Herausforderungen verbunden. Ursache sind die unterschiedlichen thermophysikalischen Eigenschaften der beiden Materialien, welche in Tabelle 1 zusammengefasst sind. Zum Beispiel entstehen durch die unterschiedlichen Wärmeausdehnungskoeffizienten von Eisen und Aluminium mit jeweils $12{,}3 \cdot 10^{-6}$/K und $23{,}8 \cdot 10^{-6}$/K sowie der Wärmeleitfähigkeiten von 75 W/mK und 238 W/mK thermisch induzierte Spannungen, welche die Verbindungsstelle belasten [POH99]. Weiterhin können Beulungen oder Verzüge im Bauteil auftreten.

Tabelle 1: Materialeigenschaften von Reinaluminium und -eisen bei Raumtemperatur [POH99, RAD96]

Materialeigenschaft	Einheit	Eisen	Aluminium
Dichte ρ	[g/cm³]	7,85	2,7
Schmelzpunkt ϑ_S	[°C]	1536	660
Wärmeleitfähigkeit λ	[W/mK]	75	238
Wärmeausdehnungskoeffizient α	[1/K]	$12{,}3 \cdot 10^{-6}$	$23{,}8 \cdot 10^{-6}$
Elastizitätsmodul E	[N/mm²]	210.000	72.000
Zugfestigkeit R_m	[N/mm²]	270 – 410	80
Streckgrenze $R_{P0,2}$	[N/mm²]	180 – 250	35
Bruchdehnung A	[%]	30	42

Darüber hinaus sind thermisch erzeugte Verbindungen aus Aluminium und Stahl durch die Ausbildung intermetallischen Phasen und Überstrukturen vom Typ Fe_xAl_y an der Grenzfläche gekennzeichnet. Diese bilden sich, wenn hohe Temperaturen vorliegen und damit Diffusionsprozesse möglich sind. Die Phasen des Typs $FeAl_3$ entstehen oberhalb der Rekristallisationstemperatur von Aluminium ab ca. 350 °C und weisen eine körnige Struktur auf [ZER01]. Aufgrund der gleichen chemischen Zusammensetzung wurde diese in [KOZ04] teilweise auch als Fe_4Al_{13}-Phase identifiziert. Auf der stahlnahen Seite bildet sich die Phase Fe_2Al_5 hingegen erst ab 500 °C. Gegenüber der $FeAl_3$-Phase sind die Körner deutlich größer und zeigen eine parallele Ausrichtung zueinander [ZER01].

Nach [ACH81, RAB67, RAB70, GEB53] gelten intermetallische Phasen als Schwachstelle der Fügezone. Die Phasen weisen hohe Härten im Bereich von 900 bis 1100 HV auf [LAU07, RJA68, ACH81]. Damit liegen diese beispielsweise weit über der Grundwerkstoffhärte der aushärtbaren Aluminiumlegierung EN AW-6016 mit ca. 55 HV30 nach DIN EN 485-2 sowie des höchstfesten Vergütungsstahls 22MnB5 mit ca. 480 HV10 [HOF07]. In [RAD96, SCH99, LAU07] konnten ausreichende Festigkeitseigenschaften bei einer Saumdicke unterhalb von 10 µm nachgewiesen werden.

[LAU07] untersuchte die Mischverbindung aus den Stählen DX56 bzw. DC04 und der Aluminiumlegierung EN AW-6016 mittels Laserschweiß-Löten. Die Proben versagten im Scherzugversuch im Grundwerkstoff der Aluminiumlegierung. Bei einer Phasendicke über 20 µm kam es bereits beim Abkühlen unmittelbar nach dem Fügeprozess zum Versagen in der Verbindungszone.

Die Entstehung der intermetallischen Phasen kann mithilfe des Zustandsdiagramms von Aluminium und Eisen in Abbildung 2 erklärt werden. Ursache ist die begrenzte Löslichkeit von Eisen in Aluminium und umgekehrt. Eine vollständige Löslichkeit liegt nach dem Eisen-Aluminium-Zustandsdiagramm nur im flüssigen Zustand vor. Das Diagramm beruht auf einer unendlich langen Abkühlzeit und ist auf einen Schweißprozess daher nur begrenzt übertragbar. Hinsichtlich der Löslichkeit von Aluminium in Eisen im festen Zustand sei dennoch festzuhalten, dass diese bei einer Temperatur von 1310 °C nur ca. 42 at.-% beträgt. Umgekehrt liegt der Wert bei Raumtemperatur nur bei 0,08 at.-% [ZER01]. Eine Erstarrung im α-Fe-Gebiet ist zwar bei einem Aluminiumgehalt unterhalb von 20 at.-% möglich, birgt aber große prozesstechnische Herausforderungen. In allen anderen Fällen bilden sich die intermetallischen Phasen.

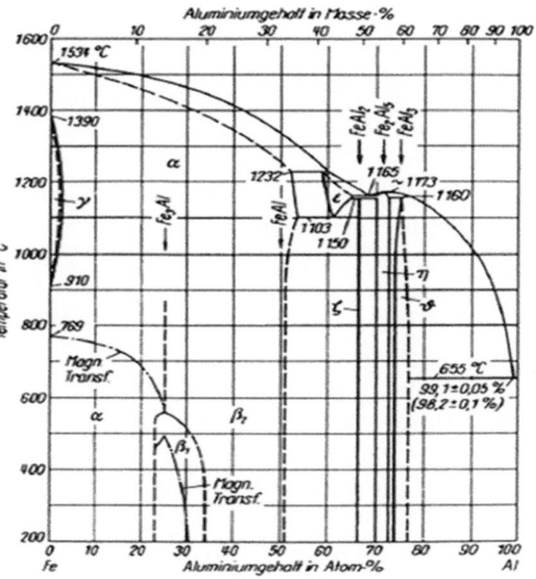

Abbildung 2: Zustandsdiagramm für Eisen und Aluminium nach [HAN58]

Darüber hinaus wird die Phasensaumdicke durch die Legierungselemente im Stahl beeinflusst. Die hemmende Wirkung von Silizium-Zusätzen auf die Aluminiumdiffusion und damit auf die Ausbildung der Fe_2Al_5-Phasen konnte in den Untersuchungen von [ZER01, GUE55, ACH80c, EIC82] bestätigt werden. Demgegenüber unterstützt Zinn die Phasenausbildung [GEB53]. Zink wiederum hat einen unterschiedlichen Einfluss auf die Ausbildung intermetallischer Phasen. Zn-Zusätze unter 7 % verringern die Dicke des Phasensaums und steigern die Festigkeiten [ACH81]. Im Gegensatz dazu führen bei einem Zinkanteil von 10 bis 15 % flockige Einschlüsse anstelle von intermetallischen Phasen. Basierend auf den Erkenntnissen aus der Literatur kann das Fügen von Aluminium mit Stahl in folgenden Zuständen erfolgen:

- Fügen im schmelzflüssigen Zustand, bspw. Schmelzschweißen [LIS76]
- Fügen im festen Zustand, bspw. laserbasierendes Pressschweißverfahren [RAT04]
- Fügen im fest/flüssigen Zustand, bspw. Fügen mit Zwischenschichten [KIE73]

Fügen im schmelzflüssigen Zustand

Beim Schmelzschweißen kommt es vorwiegend zu einem gemeinsamen Schmelzbad und demzufolge bei der Erstarrung aus der Schmelze zur Bildung intermetallischer Phasen [KIE73, STA09]. Aufgrund dessen ist eine stoffschlüssige Verbindung zwischen Aluminium und Stahl nicht als reine Schweißverbindung möglich [WIT07]. Beim Widerstandspunktschweißen von Aluminium und Stahl hingegen entstehen zwei voneinander getrennte Schweißlinsen [EIC81]. Eine Linse bildet sich im Stahlblech, während sich die Zweite am Übergang zum Aluminiumsubstrat befindet. Intermetallische Phasen treten auch hier auf [LEU84]. Berechnungsergebnisse nach [NEU14] ergaben beim Widerstandspunktschweißen mit Prozessband eine Haltezeit der jeweiligen Entstehungstemperaturen von mindestens 250 ms, um die im Makroschliff nachgewiesenen Phasenbreiten von 6 µm im Linsenzentrum zu erreichen. Eine Schweißeignung zwischen der Aluminiumlegierung AlSi1,2Mg0,4 und den höchstfesten Stahl 22MnB5 in Kombination mit einer Aluminium-Silizium-Beschichtung ist nach [NEU14] für das Punktschweißen mit einem Prozessband aber nicht gegeben. In seinen Untersuchungen erbrachte erst die Zerstörung der Beschichtung mittels Laser- oder Sandstrahl ein reproduzierbares Schweißergebnis.

Fügen im festen Zustand

Bei Temperaturen niedriger als die Schmelztemperatur kann eine Verbindung über Diffusionsprozesse erfolgen, wie bspw. beim Reibschweißen [MIL13, FUK00]. Dazu sind jedoch ausreichend lange Haltezeiten der entsprechenden Temperatur notwendig.

In [RAT04] wird für das Verbinden einer Aluminiumlegierung EN AW-5052 mit einem kaltgewalzten niedriglegierten Stahl, ein laserbasierendes Rollennahtschweißen, ähnlich dem Walzplattieren, angewendet. Beide Fügepartner verbleiben im festen Zustand. Auch werden keine Flussmittel oder Zusatzwerkstoffe verwendet. Für den Karosseriebau erweisen sich jedoch die aufwendige Anlagentechnik und die lineare Fügegeometrie als nachteilig.

Fügen im festen und flüssigen Zustand

Stoffschlüssige Verbindungen von Aluminium und Stahl sind vorwiegend durch einen Doppelcharakter geprägt. Aufgrund der unterschiedlichen Schmelztemperaturen (Tabelle 1) kommt es zur Ausbildung einer Löt- [RAD96] oder Schweiß-Lötverbindung [LAU07]. Für letztere Verbindung wird ein geeignetes Zusatzmaterial oder eine Zwischenschicht vorausgesetzt. In der Literatur sind diese auch als Pufferschichten bekannt [PAN09]. Während des Fügeprozesses wird das Aluminium aufgeschmolzen. Zusammen mit der Pufferschicht entsteht eine Schweißverbindung. Aufseiten des Stahlblechs erfolgt eine Lötung. Die Diffusionsschicht bzw. der intermetallische Phasensaum setzt sich aus Aluminium, Eisen, weiteren Elementen der Zwischenschicht sowie den Legierungselementen des Aluminiumbleches zusammen. Die Aufgabe der Pufferschichten ist die Unterbindung eines direkten Kontakts zwischen den Fügepartnern, die Verhinderung von Diffusionsvorgängen sowie die Beeinflussung der Aktivierungsenergie. Vorzugsweise besitzt die Zwischenschicht eine Mischkristalllöslichkeit mit beiden Fügepartnern und unterdrückt unerwünschte Legierungsbildungen. In [ACH80b] werden Aluminium, Zink, Zinn, Kupfer, Nickel, Silber und Titan sowie auch Aluminium-Silizium-Legierungen als Pufferwerkstoffe aufgeführt. Nach Aussage von [KIE73, ACH80b] hat die Wahl der Werkstoffe einen wesentlichen Einfluss auf die Verbindungsfestigkeit. Für das Auftragen der Zwischenschicht ist nach [KIE73] das Tauchen, Galvanisieren oder Aufspritzen geeignet. Demgegenüber wird in [ACH80c] das Auftragsschweißen- bzw. Löten der Aluminium-Silizium- und Kupfer-Aluminium-Legierung untersucht. Die Ergebnisse zeigen eine geringere Ausbildung des Phasensaums.

2.2 Zweischrittige, thermische Fügeverfahren mit Zusatzelement

Zweischrittige, thermische Fügeverfahren mit Zusatzelement, auch als Fügehilfselement bezeichnet, rücken hinsichtlich der genannten Herausforderungen beim Fügen von Aluminiumwerkstoffen mit höchstfesten Stählen immer mehr in den Fokus. Ziele dieser Verfahrensentwicklungen sind die Erzeugung von Mischverbindungen und die Reduzierung oder Vermeidung von intermetallischen Phasen. Demnach übernimmt das Fügehilfselement die Funktion eines Puffers, welcher im vorhergehenden Kapitel beschrieben ist.

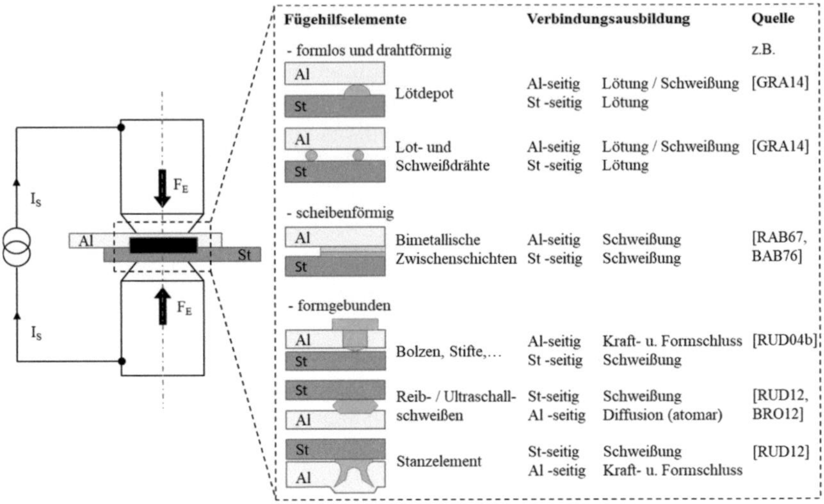

Abbildung 3: Übersicht zweischrittiger Fügeverfahren mit Zusatzelement

Der Fügeprozess beginnt im ersten Schritt mit der Applikation eines Elements. Anschließend erfolgt das thermische Fügen der Gesamtverbindung. Aufgrund der Stellung im Fahrzeugbau wird vorzugsweise das Widerstandspunktschweißen genutzt. Die Fügehilfselemente lassen sich nach ihrer Geometrie in formlose und drahtförmige, scheibenförmige sowie formgebundene Zusatzelemente unterteilen. Eine Übersicht der unterschiedlichen Variationen ist in Abbildung 3 dargestellt.

2.2.1 Formlose und drahtförmige Elemente

Durch Verwendung von formlosen und drahtförmigen Zusatzelementen kann die Ausbildung der Schweißlinse und der Wärmeeinflusszone sowie die Zusammensetzung des Schweißgutes gezielt gesteuert werden. So wurden Untersuchungen mit artgleichen Metallstücken bei reinen Aluminiumverbindungen durchgeführt [EIC67]. Die Elemente führten unter hoher Flächenpressung zur Zerstörung der Oxidschicht. Ein zusätzlicher Effekt war die begrenzte Berührungsfläche der zu verbindenden Teile. Dies führte zu einem nur gering schwankenden Kontaktwiderstand und damit zu einer reproduzierbaren Schweißlinsengröße. Ein weiterer Vorteil ist die Beeinflussung des Schweißgefüges durch Änderung der chemischen

Zusammensetzung mithilfe der Einlegestücke [EIC68]. Nach [PFE69] wird diese Methode gelegentlich als Dreistoffschweißung bezeichnet und ist beim Verbinden von Stählen dem Buckelschweißen ähnlich. Die Verwendung bietet sich an, wenn keine Möglichkeit zum Anbringen eines Buckels besteht.

Die Verwendung von formlosen und drahtförmigen Zusatzwerkstoffen zum Verbinden von Feinblechen ist aus den Untersuchungen von [KOP97] bekannt. Als Zusatzelemente kommen Lötplättchen, Lötpulver oder Lötringe zum Einsatz. Nach Aussage des Autors hat sich Kupfer als Lot bewährt. Die Geometrie des Depots kann der Aufgabe entsprechend angepasst werden. Für die Applikation der Elemente wird im Vorfeld bei einem der zu verbindenden Feinbleche aus St14 ein Hut mit einem Durchmesser von 4 bis 14 mm und einer Vertiefung von 0,3 bis 0,6 mm geprägt. Nach der Fixierung aller Fügepartner erfolgt eine Widerstandserwärmung über eine herkömmliche Punktschweißanlage.

Unter dem hohen Druck sowie der Wärmezuführung kommt es zur Stauchung, zum Aufschmelzen des Lotes und zur Rückverformung des Hutes. Beim Erstarren erfolgt anschließend eine hochfeste Lötverbindung. Aufgrund der einzelnen Prozessschritte in Kombination mit einem Zusatzelement wird diese Verfahrensvariante in [KOP97] als Umformwiderstandslöten bezeichnet. Nach Aussagen des Autors sind die Vorteile des Verfahrens die Vergrößerung des Linsendurchmessers und damit auch die Steigerung der Festigkeit sowie höhere Energieaufnahme gegenüber einer konventionellen Widerstandsschweißung. Die Festigkeitsversuche erfolgten an Feinblechen mit einer Blechdicke von 1 mm. Die Scherzugkraft konnte von ursprünglich 6 auf 9 kN gesteigert werden.

Nach [SIT98] ist die Umformbarkeit von mindestens einer der Fügepartner Voraussetzung für die Anwendung des Verfahrens. Zur Erweiterung der Anwendungsgrenzen nennt der Autor zwei weitere Varianten. Zum einen kann eine mechanische Erzeugung des Lötdepots neben dem reinen Umformen auch in Kombination mit einem Schneidvorgang analog dem Durchsetzfügen erfolgen. Zum anderen ist eine thermische Aufbringung des Pulverlotes mittels Widerstandserwärmung analog dem Punktschweißen möglich (Abbildung 4).

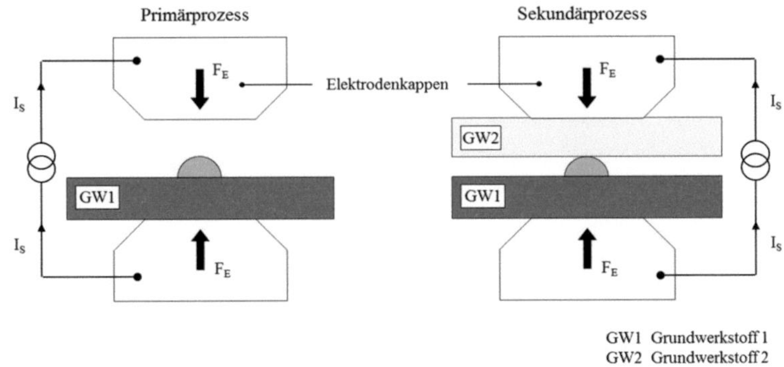

Abbildung 4: Punktförmiges flussmittelfreies Widerstandslöten mit Erzeugung des Lötdepots durch Widerstandserwärmung nach [SIT98]

Die drei Varianten werden nach [SIT98] als punktförmiges flussmittelfreies Widerstandslöten bezeichnet. Als Nachteil nennt der Autor den zweischrittigen Fügeprozess, welcher einen wirtschaftlichen sowie fertigungstechnischen Mehraufwand darstellt.

Die Untersuchung mit drahtförmigen Einlegestücken wurde in [KOP01] für reine Stahlverbindungen fortgesetzt und als Widerstandspunktschweißen mit Zusatzwerkstoff beschrieben. Die Härte in der Fügezone und die Ausprägung der Wärmeeinflusszone konnten in den Untersuchungen gegenüber dem konventionellen Punktschweißen reduziert werden. Erste Applikationshinweise zur Gewährleistung der Transportsicherheit beschrieben eine Befestigung des Zusatzwerkstoffs mittels Kleben, Löten oder Schweißen. In weiterführenden Untersuchungen von [RUD04a] sind unterschiedliche Geometrien für Drahtquerschnitte mittels FEM-Simulation hinsichtlich Wärme- und Schweißlinsenbildung untersucht und bewertet worden.

Die Applikation eines formlosen Zusatzwerkstoffes bzw. Lötdepots durch einen vorgelagerten Lichtbogen- oder Laserprozess wurde in [PAT01] beschrieben und bezieht sich unter anderem auch auf Aluminium-Stahl-Verbindungen. Damit sollen eine Lötverbindung mit dem Stahlblech sowie eine Schweiß- oder Lötverbindung mit dem Aluminiumsubstrat erzeugt werden.

Nach [GRA14] ist bei dieser Technologie die Reproduzierbarkeit der aufgebrachten Zusatzwerkstoffmenge nicht gegeben, was für den nachfolgenden Punktschweißprozess ein Problem darstellt. Die Kombination mit Kleben wird vom Autor ebenfalls kritisch gesehen, da bis zum Fügen der Bauteile eine ausreichende Haftfestigkeit gewährleistet sein muss.

Aus diesem Grund wurde in [GRA14] eine Drahtfördereinrichtung für die Aufbringung des Zusatzwerkstoffes entwickelt. In seinen Untersuchungen überprüft der Autor anschließend die Anwendbarkeit dieser Applikationsmethode auf die hochfesten Stähle H700, H400 und 22MnB5. Als Einlegestücke kamen flachgewalzte, runde und gebogene Drahtabschnitte sowie ringförmige Zusatzelemente zum Einsatz. Abhängig vom Anwendungsfall bestehen diese aus Lot- oder Schweißmaterial. Um den Versuchsaufwand zu reduzieren, wurde mithilfe der Finite-Elemente-Methode (FEM) ein Modell aufgebaut und verschiedenste Geometrien verglichen. Die Ergebnisse wiesen Gemeinsamkeiten mit dem Buckelschweißen auf. In den Untersuchungen von [GRA14] konnte unter Verwendung von Zusatzwerkstoffen gegenüber dem konventionellen Punktschweißen bei allen Versuchswerkstoffen eine Verdopplung oder sogar Verdreifachung der Verbindungsfestigkeit im quasistatischen Scherzugversuch erreicht werden. Beispielsweise stieg die Bruchkraft der artreinen Verbindung aus 22Mnb5 von ursprünglich 15 bis über 40 kN bei Verwendung eines Zusatzelements. Ein Vergleich unterschiedlicher Elementabmessungen erbrachte den Nachweis, dass die Festigkeitssteigerung aus einem größeren Linsen- bzw. Anbindungsdurchmesser resultiert. Besaßen die ringförmigen Zusatzelemente eine zum konventionellen Punktschweißen vergleichbare Größe, lagen die Verbindungsfestigkeiten auf dem gleichen Niveau. Die Übertragung der Applikationstechnik mittels Widerstandserwärmung auf Aluminium-Stahl-Verbindungen war nicht möglich [GRA14]. Es kam zu keiner ausreichenden Anbindung und zur starken Deformation des Lötdepots.

Infolgedessen wurde das Plasmalichtbogenlöten für die Applikation des Lotes verwendet, welche über Wechselstrom die benetzungshemmende Oxidschicht des Aluminiums entfernen konnte. Unter Anwendung des Zinklotes L-ZnAl3 konnte eine Verbindung zwischen den Fügepartnern erreicht werden. Metallografische Untersuchungen brachten keine intermetallischen Phasen des Typs Fe_xAl_y zum Vorschein. Eine Verfahrenskombination mit Klebstoff ist nach [GRA14] nicht möglich.

2.2.2 Scheibenförmige Einlegestücke

Schon [RAB67] hatte den Lösungsansatz, scheibenförmige Bimetalle beim Schweißen zu verwenden. Die durch Kaltpressschweißen hergestellten Aluminium-Stahl-Zusatzelemente führten zu einer gleichartigen Verbindung. In späteren Untersuchungen kamen Bimetalle zum Einsatz, welche mittels eines Walzplattierens hergestellt wurden [ACH80a, BAB76, EIC70]. Die Ausbildung von intermetallischen Phasen durch den Herstellungsprozess konnte nicht nachgewiesen werden [OIK99]. Ein weiterer Vorteil dieser Fügemethode ist die verminderte Korrosionsgefahr. An den nicht angebundenen Bereichen neben der Schweißlinse befinden sich artgleiche Werkstoffe. Die Grenzfläche des Bimetalls bietet aufgrund der atomaren Verbindung keine Hohlräume zum Feuchtigkeitseintritt [EIC83].

Bei Verwendung einer bimetallischen Zwischenschicht zum Verbinden von Aluminium mit Stahl konnte im Schweißprozess die Ausbildung von zwei getrennten Schweißlinsen beobachtet werden [JOH00, BAB76, EIC83, LEU84, OIK99]. Deshalb lag die Vermutung nah, dass intermetallische Phasen in der Fügezone verhindert werden können [BAB76, LEU84]. Wie sich in den Untersuchungen von [OIK99] aber herausstellte, ist eine Ausbildung spröder Phasensäume in der Aluminium-Stahl-Grenzfläche des Bimetalls nicht ausgeschlossen. Als Fügepartner und für das Zusatzelement wurden ein kaltgewalztes Feinblech mit einer Blechdicke von 0,8 mm sowie eine 5000er-Aluminiumlegierung mit der Dicke von 1,0 mm verwendet. Der Autor konnte mittels einer Röntgenbeugungsanalyse die Phase Fe_2Al_5 mit einer Größe von 5 µm in der Grenzfläche des Bimetalls nachweisen. Die punktgeschweißten Proben erreichten im Scherzugversuch eine Scherzugkraft über 3 kN. Die Maße des Bimetalls betrug 30 x 30 mm bei einer Gesamtdicke von 0,77 mm. Demgegenüber lagen die Kräfte bei einer reinen Aluminium-Stahl-Verbindung bei ca. 2 kN [OIK99]. In [BAB76] erreichten die Scherzugkräfte teilweise sogar den vierfachen Wert bei gleichzeitiger Zunahme der Dehnung.

2.2.3 Formgebundene Fügehilfselemente

Ein weiterer Ansatz zum Verbinden von Aluminium mit Stahl besteht aus einer mechanischen Applikation eines formgebundenen Zusatzelements. Die Idee der Patentschrift [PAT02] ist das Beibehalten der konventionellen Anlagentechnik beim Widerstandspunktschweißen im Fahrzeugbau. Dabei durchstanzt das bolzen- oder stiftähnliche Fügehilfselement den weicheren

Aluminiumwerkstoff. In späteren Offenlegungen und Patentschriften wird dieser Verfahrensansatz von der Definition und Ablauf des Prozesses über eine zusätzliche Klebstoffapplikation bis hin zur Elementgeometrie erweitert [PAT03 bis PAT11]. In aktuellen Veröffentlichungen taucht das Verfahren unter den Begriff Widerstandspressbolzenschweißen [RUD04b], Widerstandselementschweißen [MES13b] oder Schweißnieten [RUD13b, PAT12] auf (Abbildung 5). In [RUD04b, MES13a, JAN12] wurde der Verfahrensansatz auch für Kunststoff-Stahl-Verbindungen untersucht.

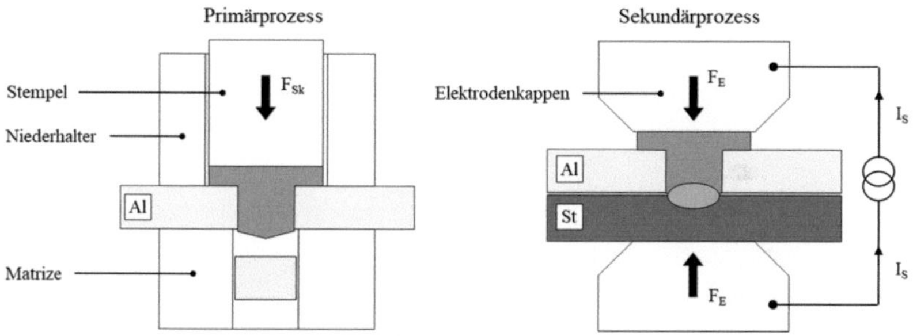

Abbildung 5: Darstellung des Prozessablaufs beim Widerstandselementschweißen nach [RUD13a]

Der Unterschied zur bimetallischen Zwischenschicht oder zum Lötdepot ist die äußere Zugänglichkeit und die Sichtbarkeit des Elements. Zudem besteht das Element im Gegensatz zum Bimetall aus einem Werkstoff, vorzugsweise aus Stahl. Das Einbringen des rotationssymmetrischen Zusatzelements erfolgt über eine vorgelochte Bohrung oder durch ein direktes Einstanzen in das Aluminiumsubstrat. Die Verbindung wird hauptsächlich durch einen Kraft- und Formschluss oder durch die Geometrie des Elementkopfes sichergestellt. Im Schweißprozess erfolgt eine reine Stahl-Stahl-Verbindung zwischen Element und Stahlblech. Die Auswirkungen der unterschiedlichen Werkstoffeigenschaften beim Verbinden von Aluminium mit Stahl kommen durch das Fügehilfselement im Schweißprozess somit nicht zum Tragen.

Eine Vorbehandlung der Aluminiumoberfläche ist nicht notwendig. In anderen Literaturangaben wird das Verbinden des Zusatzelements an das Stahlblech auch über andere Verfahrensvarianten, wie zum Beispiel das Ultraschallschweißen, beschrieben [PAT13].

Verschiedene Festigkeitsuntersuchungen zum Widerstandsbolzenschweißen wurden in [RUD04b] durchgeführt. Darunter befanden sich auch Scherzugversuche von Aluminium-Stahl-Verbindungen mit Bolzen- und Stiftelementen. Als Aluminiumsubstrat kam die Legierung AlMg0,4Si1,2 mit einer Blechdicke von 1,1 mm und als Stahlblech ein H400 mit 1,0 mm zum Einsatz. Das Stiftelement war aus dem austenitischen Stahl X5CrNi18-10. Der Durchmesser des Elements betrug am Schaft 3 mm und am Kopf 10 mm. Die Probebleche besaßen eine Überlappungslänge von 35 mm. Die Zugversuche ergaben eine Scherzugkraft von ca. 2 kN und eine Brucharbeit von 15 J. Die Punktschweißverbindungen mit einem Bolzen zeigen über alle Versuchsreihen hinweg ein sehr unterschiedliches Versagensschaubild. Teilweise kam es bei Stahl-Stahl-Verbindungen zu einem Ausknöpfen des Bolzens mit einer ausgerissenen Fahne oder einem Ausreißbruch. Aufgrund der unterschiedlichen Versagensschaubilder zeigten die Zugversuche eine hohe Standardabweichung der Brucharbeit.

In [RUD04b] zeigten metallografische Untersuchungen eine Vielzahl an Poren innerhalb des erwärmten Schweißgutes. Ein Einfluss auf die Verbindungsfestigkeit wurde nur unter schlagartiger Belastung vermutet. In den Untersuchungen konnte durch die thermische Belastung auch eine axiale Kürzung und radiale Aufweitung des Bolzens nachgewiesen werden. Die Verformung des Elementschafts führte zu einer mechanischen Verklammerung des Fügehilfselements im Substrat.

Aus diesen Erkenntnissen heraus wurden in [RUD12, BRO12, RUD13a] neue Ansätze für zweischrittige Fügeverfahren aufgezeigt. Diese beliefen sich auf das Einbringen eines innenliegenden Elements mit einem Ultraschall-, Reibschweiß- oder mechanischen Stanzelementprozess, wie beim Halbhohlstanznieten. Da die Verwendung serientauglicher Anlagentechnik einen großen wirtschaftlichen Gesichtspunkt darstellt, ist besonders das Widerstandspunktschweißen mit einem Stanzelement aus [RUD12] zu erwähnen. Der Applikationsprozess erfolgt über das mechanische Einbringen eines Fügehilfselements, ohne dabei den Fügepartner vollständig zu durchdringen.

2.2.4 Schlussfolgerungen zum Fügen von Aluminium mit Stahl

Nach zusammenfassender Betrachtung kann dem punktförmigen Fügen von Aluminium-Stahl-Verbindungen im Fahrzeugbau eine wesentliche Bedeutung beigemessen werden. Der Wunsch konventionelle Fügeverfahren, wie das Halbhohlstanznieten und das Widerstandspunktschweißen einzusetzen, ist unter betriebswirtschaftlichen Gesichtspunkten groß, aber nicht ohne Weiteres realisierbar. Der Einsatz zweischrittiger Fügeverfahren unter Verwendung von formgebundenen Zusatzelementen kann als vielversprechender Ansatz gesehen werden. Rotationssymmetrische stift- oder bolzenähnliche Fügehilfselemente, wie bspw. beim Widerstandselementschweißen, können heutzutage schnell und anlagentechnisch prozesssicher zugeführt werden. Im Gegensatz zu Bimetallen bestehen diese aus nur einen Werkstoff und sind geometrisch kleiner. In großen Mengen können sie über einen Kaltschlagprozess kostengünstig hergestellt werden. Durch die Stahl-Stahl-Schweißung kann eine Vorbehandlung der Blechoberflächen entfallen.

Die Verwendung von Fügehilfselementen, die das Aluminiumsubstrat nicht Durchdringen bieten weiteres Einsatzpotenzial hinsichtlich einer reduzierten Korrosionsgefahr und Sichtbarkeit. Die Einbringung dieser Elemente erfolgt durch das Ultraschall-, Reibschweißen oder einem mechanischen Einstanzprozess. Dadurch entsteht zwischen dem Fügehilfselement und dem Aluminiumsubstrat schon im Vorprozess entweder eine stoff- oder kraft- und formschlüssige Verbindung. Im Karosseriebau ist damit eine Verliersicherung der Elemente gegeben.

Aus anlagentechnischer Sicht bietet sich insbesondere das mechanische Einbringen eines Zusatzelements an. Im Fahrzeugbau liegt auf dem Gebiet des Halbhohlstanznietens große Erfahrung vor. Eine umfangreiche Anlagenentwicklung ist somit nicht notwendig. Aufgrund der aufgezeigten Aspekte wird im weiteren Verlauf die Verfahrenskombination zwischen dem Halbhohlstanznieten und Widerstandspunktschweißen näher betrachtet.

2.3 Grundlagen und Analogien zum Widerstandspunktschweißen mit Stanzelement

2.3.1 Prozessbeschreibung und verfahrensspezifische Besonderheiten

In den Untersuchungen von [RUD12] wurde ein Halbhohlstanzniet als Zusatzelement verwendet. So konnten für beide Prozessschritte die konventionellen Anlagensysteme zum Stanznieten und Punktschweißen genutzt werden. Zur Herstellung einer Verbindung ist keine Vorlochoperation, aber eine zweiseitige Zugänglichkeit notwendig. Der Prozessablauf beim Widerstandspunktschweißen mit Stanzelement ist in der Abbildung 6 aufgezeigt.

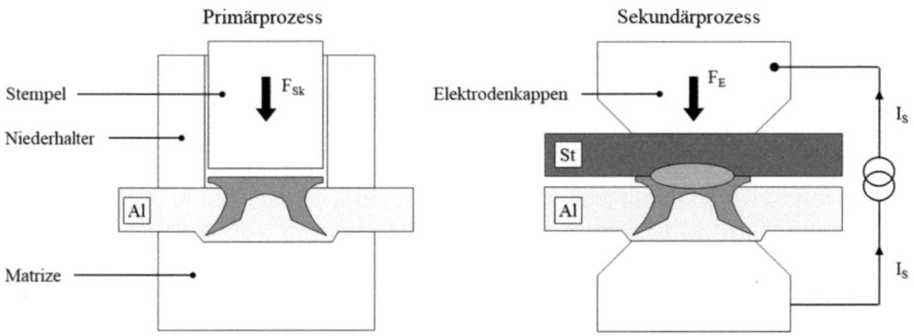

Abbildung 6: Primär- und Sekundärprozess beim Widerstandspunktschweißen mit Stanzelement

Primärprozess – Stanzelementprozess

Im Stanzelementprozess, auch als Primärprozess bezeichnet, stanzt das Fügehilfselement gegenüber dem konventionellen Stanznieten in nur einem Substrat ein. Damit liegt eine geringere Blechdicke für die Umformung des Elements vor. Der Prozessablauf ist analog dem Halbhohlstanznieten zu betrachten und beginnt mit der Positionierung des Aluminiumsubstrates auf der Matrize. Anschließend setzt der Niederhalter auf und fixiert dieses. Nach der Fixierung der Fügeteile erfolgt eine Kraftübertragung über den Stempel auf das Stanzelement. Sobald dieses auf das Substrat aufsetzt, beginnt der örtlich begrenzte Stanzelementprozess. Die Elementfußgeometrie begünstigt dabei den Schneidprozess. Die Matrize wirkt als Gegenkraft, wodurch ein radiales Fließen des Aluminiumsubstrates hervorgerufen wird.

Das Substrat wird nicht durchdrungen, sondern formt sich zu einem Schließkopf aus, der zu einer in sich geschlossenen Verbindung führt. Der Pressvorgang führt in Kombination mit der Matrizengravur zum Aufspreizen des Stanzelements. In der letzten Phase des Primärprozesses wird die Verbindung zwischen dem Stanzelement und Aluminiumsubstrat unter steigender Fügekraft gestaucht, sodass idealerweise ein spaltfreier Formschluss entsteht. Durch den Stauchvorgang wird mithilfe der Schließkopfausbildung das Stanzelement axial und radial verspannt. Ein zusätzlicher Kraftschluss entsteht.

Über die Stempelkraft oder den Stempelweg kann die Elementkopfendlage eingestellt werden. Anschließend erfolgt der Rückhub des Stempels und Niederhalters. Analog zum Halbhohlstanznieten besteht die Möglichkeit einer Qualitätsprüfung über eine Online-Prozessüberwachung. Mithilfe der aufgezeichneten Kraft-Weg-Verläufe lassen sich die charakteristischen Prozessphasen Schneiden, Spreizen und Stauchen ermitteln.

Sekundärprozess - Widerstandspunktschweißen

Im Schweißprozess, auch als Sekundärprozess bezeichnet, wird das eingebrachte Stanzelement als Schweißeinlage verwendet. Durch den Punktschweißprozess bildet sich eine stoffschlüssige Verbindung zwischen dem Zusatzelement und dem Stahlblech aus. Der Schweißprozess beginnt mit dem Anfahren und Aufsetzen der Elektroden. Über eine Vorhaltezeit wird das Aufbringen der Elektrodenkraft sichergestellt. Anschließend erfolgt die Schweißphase, wobei der Schweißstrom über die gesamte Schweißzeit zugeschalten wird. Die Elektrodenkraft bleibt weiterhin bestehen, kann aber je nach Anwendungsfall und Bedarf von der Vorhaltekraft abweichen. In der Nachhaltezeit wird die entstandene Schweißlinse zusammengepresst. Ist der Vorgang beendet, erfolgt der Rückhub der Elektroden. Zurück bleibt eine stoffschlüssige Verbindung in Form einer Schweißlinse. Der thermische Fügeschritt weist aufgrund der geometrischen Gegebenheiten verfahrensspezifische Besonderheiten einer Buckelschweißung auf. Das Aluminiumsubstrat dient hierbei bevorzugt als Stromleiter. Die beim Sekundärprozess erforderliche Wärme wird über eine Widerstandserwärmung erzeugt (Abbildung 7).

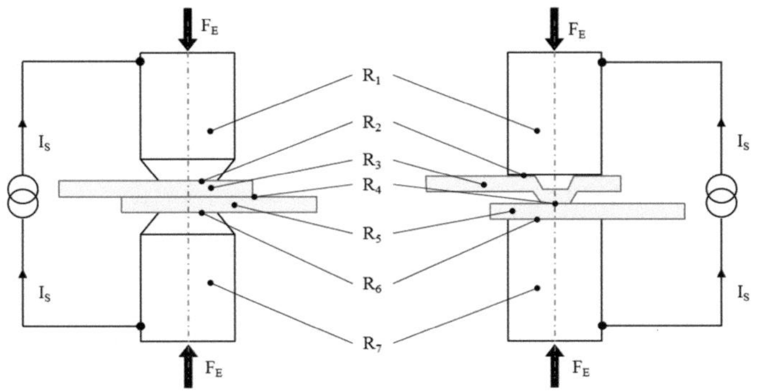

R_1, R_7: Stoffwiderstand der Elektroden
R_3, R_5: Stoffwiderstand der Bleche
R_2, R_6: Übergangswiderstand Elektrode-Blech
R_4: Übergangswiderstand Blech-Blech
F_E: Elektrodenkraft
I_S: Schweißstrom

Abbildung 7: Schematische Darstellung des Widerstandspunkt- und Buckelschweißens

Die Schweißwärme entsteht in einem zeitlich und örtlich eng begrenzten Raum, im Werkstoff oder an den Kontaktstellen. Das Verbinden des Stanzelements mit dem Stahl erfolgt durch gezielte Krafteinbringung und Stromführung über die Schweißelektroden im schmelzflüssigen Zustand. Nach dem Erstarren der Schmelze liegt eine punktförmige stoffschlüssige Verbindung vor. Zur Ausbildung der Schweißlinse tragen hauptsächlich die Widerstände R_3, R_4, R_5 bei. Der Übergangswiderstand R_4 ist für den Sekundärprozess analog dem Buckelschweißen von besonderer Bedeutung und wird neben der Elektrodenkraft und den Werkstoffoberflächen hauptsächlich durch die Geometrie des Buckels beeinflusst [HEN66].

Verfahrensspezifische Besonderheiten und Abgrenzung zum Stanznieten

Die Blechdicke des Aluminiumsubstrates stellt die erste verfahrensspezifische Besonderheit beim Widerstandspunktschweißen mit Stanzelement dar. Beim konventionellen Halbhohlstanznieten ist für die Auslegung der Prozessparameter und Auswahl der Niete die Gesamtblechdicke mehrerer Fügepartner zu berücksichtigen. Darüber hinaus führt der anhaltende Trend des Leichtbaus zur Nachfrage nach sehr dünnen Blechdicken.

[BOE15] zeigt Materialkombinationen, die sich mit konventionellen Halbhohlstanznieten fügen lassen. Die kleinste Gesamtblechdicke beträgt 1,5 mm bei einer artreinen Verbindung aus DC01 und 1,6 mm bei der Aluminiumlegierung AlMg3. Dem Stanznietprozess sind bei noch kleineren Blechdicken Grenzen gesetzt. Zum einen gestaltet sich die Fertigung sehr kleiner Halbhohlstanzniete als schwierig und zum anderen muss die Stanznietverbindung einen ausreichenden Hinterschnitt vorweisen, um die geforderten Verbindungsfestigkeiten zu erreichen.

Es ist deshalb wichtig, die matrizenseitige Fügeteildicke so auszulegen, dass eine Umformung des Nietschaftes realisiert und ein Durchstanzen des Nietes verhindert werden kann. Beim Widerstandspunktschweißen mit Stanzelement wird nur ein Aluminiumsubstrat für den Primärprozess verwendet. Unter diesem Aspekt stellt die Blechdicke eine besondere Herausforderung an das Stanzelement.

Als weitere verfahrensspezifische Besonderheit ist die zusätzliche Wärmebehandlung des Fügehilfselements beim Punktschweißprozess anzusehen. Die Schmelztemperatur bei Stählen liegt oberhalb von 1500 °C (Abbildung 2). Wie die Untersuchungen von [GRA14, RUD12, RUD04b] zeigen, kann eine werkstoffliche und geometrische Beeinflussung des Zusatzelements nicht ausgeschlossen werden.

Die Einstellung der Elementkopfendlage stellt ebenfalls eine Besonderheit beim Widerstandspunktschweißen mit Stanzelement dar. Beim Halbhohlstanznieten muss der Nietkopf bündig auf der Blechoberfläche aufliegen, um Korrosion vorzubeugen und die Verbindungsfestigkeit zu gewährleisten. In [RUD12] wird dagegen eine Abstimmung der Elementkopfendlage auf den Primär- und Sekundärprozess empfohlen. Entsprechende Kennwerte werden vom Autor nicht genannt.

Zusammenfassend kann aufgrund der aufgezeigten Aspekte nicht mehr von einem Stanzniet gesprochen werden. In Bezug auf zweischrittige Verfahren ist deshalb eine neue Definition notwendig. Alle Niete oder andere mechanisch eingestanzte Elemente werden im Folgenden einheitlich als Stanz- oder Fügehilfselemente bezeichnet.

2.3.2 Buckelschweißen und Schweißen mit Fügehilfselement

Im Gegensatz zum konventionellen Punktschweißen bestimmen beim Schweißen mit Buckel nicht die Elektrodenkappen den Schweißlinsenquerschnitt, sondern kleine Erhebungen in einem der Fügepartner [PFE69, OTT61, CZE59, GLA54, BRU52]. Diese erzeugen eine Stromkonzentration innerhalb der Schweißzone. [KOT56] zeigte an einem Praxisbeispiel auf, dass das Buckelschweißen mit kürzeren Prozesszeiten und ansonsten gleichen Arbeitsgrößen wie beim Punktschweißen erfolgen kann. Nach der Ansicht von [GOU93] benötigt der Fügeprozess weniger Strom und kleinere Kräfte als vergleichbare Schweißungen ohne Buckel. Mit dem Buckelschweißen lassen sich blanke Stähle mit einem Kohlenstoffgehalt bis 0,2 % Massenanteil am besten schweißen [NIP50, NIP52]. Höher kohlenstoffhaltige Stähle sind aufgrund der Martensitbildung unter besonderen Bedingungen bzw. Schweißprogrammen ebenfalls schweißgeeignet [OTT61].

Gegenüber dem konventionellen Punktschweißen ergeben sich beim Buckelschweißen folgende Vorteile [BRU52, CZE59, OTT61, HEN66]:

1. Der Elektrodenverschleiß ist geringer.
2. Reproduzierbare Schweißlinsenausbildung sowie Festigkeitswerte werden erreicht.
3. Reduzierung der Prozesszeiten und Kosten.
4. Es können mehrere Schweißpunkte gleichzeitig geschweißt werden.

Ergänzend können nach DVS 2905 durch großflächige Elektroden und saubere Oberflächen die Überhitzungen sowie Spritzer an der Kontaktstelle vermieden werden. Infolge der aufgezeigten Vorteile ist nach Ansicht von [ZHU06, HEN66, OTT61, CZE58, CZE60, BRU52] das Buckelschweißen für die Massenfertigung und den Fahrzeugbau geeignet. Die notwendige Buckeleinprägung vor dem Schweißprozess stellt einen weiteren Prozessschritt dar, der in der Prozesskette mit betrachtet werden muss. Folglich ist das Widerstandsbuckelschweißen ebenfalls ein zweischrittiges Fügeverfahren.

Die Aufgabe des Buckels ist die Konzentration der Schweißenergie und die damit einhergehende Erzeugung eines lokalen Wärmestaus bzw. einer höheren Stromdichte (Abbildung 8). Das schweißtechnische Verhalten wird weitgehend durch die Buckelform bestimmt [PFE69]. [OTT61] zeigte ein exponentielles Wachstum der Stromdichte mit abnehmenden Buckeldurchmesser auf. Die Untersuchung mit einem Rundbuckel ergab einen Anstieg der Dichte von ca. 300 auf 700 A/mm² bei einer Reduzierung des Buckelquerschnitts von 50 auf 10 mm². Der Buckel wurde im Schweißprozess unter dem Schweißstrom und der Elektrodenkraft verformt. Meist konnte er fast vollständig zurückgedrückt werden, sodass nach dem Schweißprozess eine glatte Fläche vorhanden war [HEN66, OTT61].

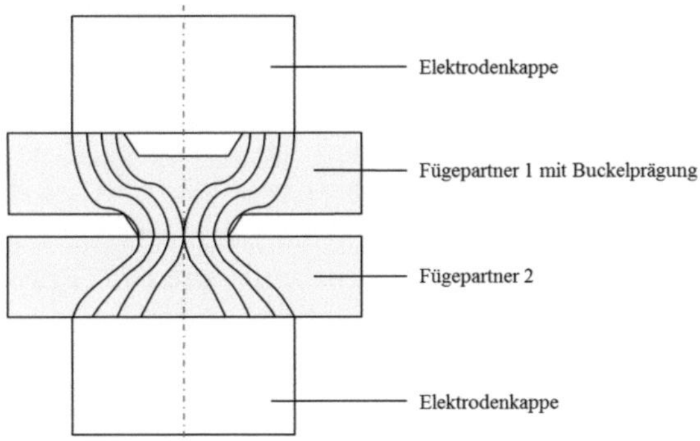

Abbildung 8: Beeinflussung der Stromführung beim Widerstandsbuckelschweißen nach [OTT61]

Eine mögliche Einteilung der Buckelarten erfolgt durch den Fertigungsprozess. Dabei wird in geprägte und natürliche Buckel sowie Massivbuckel unterschieden. Das Erzeugen von Buckelformen durch Einprägen erfolgt über eine Frei- oder Formpressung. Besonders letzteres Herstellungsverfahren hat bei Aluminiumwerkstoffen den Vorteil einer Verfestigung des Werkstoffes, wodurch der Widerstand gegen eine Rückverformung des Buckels vor Beginn des Schweißstromes erhöht wird [EMO83]. Die am häufigsten verwendete Buckelgeometrie ist der Rundbuckel [CZE57].

Für hohe Beanspruchungen oder bei Blechdicken unter 1,0 mm werden bevorzugt Ring-, und Langbuckel eingesetzt [EMO83, SCH58]. Massivbuckel werden hingegen eingesetzt, um eine Buckelrückverformung zu verzögern und damit definierter ablaufen zu lassen.

[GOU93] beschreibt die Verbindung beim Schweißen mit Massivbuckel im Vergleich zu eingeprägten Buckel eher als Festkörperdiffusion und nicht als Schmelzschweißung. Der Buckel dringt während des Schweißvorgangs in den zweiten Fügepartner ein oder verdrängt diesen. Ähnlich dem Pressstumpfschweißen wird die Verbindung hauptsächlich durch eine Materialverformung und Diffusion erzeugt.

Eine weitere Unterteilung der Buckel erfolgt hinsichtlich der Geometrie. [OTT61] empfiehlt bei einer Blechdicke von 2,0 mm einen Rundbuckeldurchmesser zwischen 4 und 5 mm sowie eine Buckelhöhe von 1,0 mm. [KOT56] war hingegen der Ansicht, sich für die Definition der Buckel- oder Warzengeometrie nicht an genormten Formen zu halten. Viel wichtiger ist nur, dass die Buckel die erforderliche Wärmekonzentration hervorrufen. Die Form und Anordnung der Buckelgeometrie ist also durch die jeweilige Fügeaufgabe bestimmt. Um eine gute Schweißlinsenausbildung zu gewährleisten, dürfen die Buckel sich vor dem Stromfluss nicht und während des Schweißprozesses nur schwer zurückdrücken lassen. [KRI00] untersuchte den Einfluss der Buckelgeometrie auf die Linsenbildung und deren erreichbaren Festigkeiten. Dabei wurden umfangreiche FEM-Simulationen durchgeführt. In den Untersuchungen stellte sich heraus, dass eine Änderung der Kontur zu anderen Kontaktbedingungen und somit zu unterschiedlichen Linsenformen führte.

Auch die Fertigungstoleranz der Buckelhöhe sollte nach [OTT61] nicht mehr als 0,1 mm abweichen. Durch frühere Untersuchungen [OTT61] bestätigt und in den heutigen Normen DIN EN 28167 sowie DVS 2905 festgehalten, wird zusätzlich empfohlen, den Buckel bei unterschiedlichen Blechdicken im dickeren Blech sowie bei einem größeren Härteunterschied in den härteren Werkstoff einzuprägen. Damit soll verhindert werden, dass die Buckelrückverformung vor dem Stromfluss stattfindet. Auch während des Schweißvorganges darf sich der Buckel nur schwer zurückdrücken lassen, um eine gute Schweißlinsenausbildung zu gewährleisten [OTT61]. In den Untersuchungen von [BRU52] wurden Buckelformen aus verschiedenen Zeitschriften und Firmen verglichen. Mithilfe von Scherzugversuchen ließ sich eine optimale Buckelhöhe zwischen 0,6 und 1,5 mm ableiten.

Um den Einfluss der Buckelgeometrie, insbesondere der Höhe, auf die Schweißlinsenbildung und –qualität zu untersuchen, verwendete [CUN65] eine Hochgeschwindigkeitskamera in seinen Untersuchungen. Diese sollte Aufschluss über die Wärmeerzeugung und den Wärmefluss während der

Verbindungsausbildung geben. Die Autoren konnten beobachten, dass der verwendete Rundbuckel in sehr kurzer Zeit zusammengedrückt wurde. Weiterhin stellten sie magnetische Verwirbelungen während des Schweißprozesses in der Schmelze fest. Die Bewegungen tauchten periodisch auf. Während des Stromimpulses waren die Wirbelbewegungen aktiv und zwischen den Pulsen stoppten diese fast gänzlich.

In nachfolgenden theoretischen Betrachtungen von [CUN66] bestätigten die Autoren, dass das Linsenwachstum abhängig von der eingebrachten Wärme und zugleich begrenzt ist. Nach einer gewissen Zeit stellt sich ein Gleichgewichtszustand zwischen zu- und abgeführter Energie ein, sodass die Linsengeometrie einen Höchstwert erreicht.

[MEY67] stellte ebenfalls das Einstellen eines stationären Regimes während der Linsenbildung fest. Weiterhin wies er sowie auch [HEN66] darauf hin, dass die Buckelsteifigkeit für die Ausbildung der Schweißlinse eine wesentliche Rolle spielt. Ist die Steifigkeit zu gering, wird der Buckel unter der Elektrodenkraft vorzeitig zusammengedrückt. Beim Zuschalten des Schweißstromes erfolgt dann eine frühzeitige Kontaktierung der Fügepartner, sodass es zum Nebenschluss kommen kann. Zudem spielt nach [MEY67] die Formgebung der Blechrückseite bei der Rückverformung des Buckels eine wesentliche Rolle.

Nach [PFE69] ist die mechanische Steifigkeit als wichtigste Forderung an einem Buckel zu sehen und sollte in Abhängigkeit der Fügeaufgabe entsprechend angepasst sein. Weiterhin stellte [HEN66] fest, dass es für das Erreichen einer ausreichenden Verbindungsqualität Bereiche gibt, in denen die Elektrodenkraft, der Schweißstrom und die Schweißzeit variiert werden können. Bei sehr kleinen Blechdicken von 1,0 mm war der mögliche Elektrodenkraftbereich aber nur sehr klein und damit der Einfluss groß. Ursache war die reduzierte Steifigkeit des Buckeltyps mit abnehmender Dicke.

[SUN01, SUN00] konnten die Erkenntnisse zum Einfluss der Buckelrückverformung mithilfe der FEM-Simulation bestätigen. In ihren Untersuchungen bezogen die Autoren sich hauptsächlich auf die Buckelhöhe. Mit zunehmender Höhe nahm die Wärme im Schweißprozess schneller zu, als der Buckel zusammenbrechen konnte. Infolgedessen kam es zum Austreten des geschmolzenen Materials aus der Fügezone. Der gleiche Effekt trat ebenfalls bei zu geringer Elektrodenkraft oder zu hohen Schweißströmen auf. Hingegen erfolgte bei zu kleinen Buckelhöhen oder hohen

Anpresskräften eine frühzeitige Rückverformung des Buckels. Der Zusammenbruch bewirkte eine Vergrößerung der Kontaktfläche und damit eine Verringerung der Stromdichte. Die notwendige lokale Wärmeenergie wurde reduziert, sodass es zur Verzögerung der Schweißlinsenausbildung kam. Weiterhin stellte [SUN00] fest, dass Analysen zum Widerstandsbuckelschweißen schwieriger sind als beim Punktschweißen. FEM-Berechnungen zum Buckelschweißen erfordern feinere Vernetzungen.

Schlussfolgernd kann davon ausgegangen werden, dass beim Punktschweißen mit Stanzelement die Elementkopfendlage ebenfalls Auswirkungen auf die Schweißlinsenbildung nimmt. Beim Buckelschweißen sind besonders die Buckelsteifigkeit und die –höhe für den Schweißprozess von Bedeutung. Beim Widerstandspunktschweißen mit Stanzelement kann letzteres Merkmal direkt über die Einstellung der Elementkopfendlage definiert werden. Indirekt wird dadurch auch die Steifigkeit gesteuert, da die Einstanztiefe des Elements den Kraft- sowie Formschluss zwischen dem Stanzelement und Aluminiumsubstrat beeinflusst.

2.3.3 Verbindungseigenschaften von Stanzniet- und Punktschweißverbindungen

Ausbildung der Verbindung zwischen dem Stanzelement und Aluminiumsubstrat

Die Verbindung zwischen dem Stanzelement und dem Aluminiumsubstrat kann unter Berücksichtigung der verfahrensspezifischen Besonderheiten (Kap. 2.3.1) dem Halbhohlstanznieten gleichgesehen werden. Für die Qualität einer Stanznietverbindung sind nach [KUE01] hauptsächlich die Geometrie und die werkstoffspezifischen Eigenschaften des Nietes entscheidend. Der Nietfuß muss hart genug sein, um den stempelseitigen Fügepartner zu durchstanzen, sollte aber auch eine ausreichende Verformbarkeit aufweisen, damit ein Aufspreizen begünstigt wird. Der Stanzniet benötigt außerdem eine hohe Werkstoffzähigkeit, um die Bildung von Rissen zu vermeiden. Zur Beurteilung der Verbindungsqualität ist die Ermittlung der geometrischen Kenngrößen einer Stanznietverbindung im Querschliff von Bedeutung (Abbildung 9).

Die metallografische Betrachtung wird verwendet, um den Halbhohlstanzniet und die Matrize auf die Fügeaufgabe abzustimmen, die notwendigen Eigenschaften der jeweiligen Verbindung einzustellen sowie die Prüfmaße und Toleranzen festzulegen.

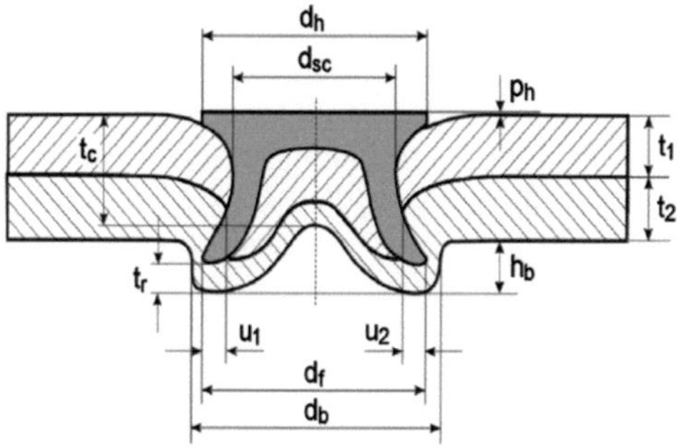

Legende	
d_h	Kopfdurchmesser
d_{sc}	Kleinster Nietdurchmesser am Schliff
d_f	Fußdurchmesser
d_b	Schließkopfdurchmesser
u_1, u_2	Hinterschnitt
h_b	Schließkopfhöhe
t_1	Stempelseitige Materialdicke
t_2	Matrizenseitige Materialdicke
t_r	Restbodendicke am Nietfuß
p_h	Nietkopfendlage
t_c	Stauchmaß

Abbildung 9: Geometrische Kenngrößen nach DVS 3410

Wichtige Kenngrößen für die Qualitätsbeurteilung sind der Hinterschnitt, das Stauchmaß, die Aufspreizung, die Restbodendicke und die Nietkopfendlage. Entscheidend für die Festigkeit der Stanznietverbindung ist der erzeugte Form- und Kraftschluss. Ersteres wird über den Hinterschnitt definiert. Die geometrische Kenngröße hat wesentlichen Einfluss auf die Scher- und Schälzugfestigkeit [BUD92]. Der Hinterschnitt steht in Beziehung zum zerstörungsfrei zu messenden Stauchmaß der Verbindung. Zum Beispiel wird er durch eine stärkere Stauchung, bei sonst konstanten Bedingungen, vergrößert. Für eine genaue Bestimmung dieser geometrischen Kenngröße bedarf es weiterer Prozessgrößen. Der Hinterschnitt liefert in Verbindung mit der Nietkopfendlage eine fertigungsbegleitende Größe, die Aussagen über die Qualität der Verbindung erlauben [ROH99]. In [BAN03] konnte dennoch eine Reduzierung der Scher- und Schälzugkräfte sowie Brucharbeiten bei einem größeren Hinterschnitt nachgewiesen werden. Die Versuchsreihen unterschieden sich in der Härte oder im Oberflächenzustand der Aluminiumlegierung AlMg5Mn-O. Die definiert befetteten Proben betrugen gegenüber unbehandelter Bleche eine um ca. 15 % und ca. 4 % reduzierte Maximalkraft im Scherz- bzw. Schälzugversuch. Die Untersuchungen erbrachten den Nachweis, dass neben dem Formschluss auch der Kraftschluss einen wesentlichen Einfluss auf die Verbindungsfestigkeit nimmt.

Nach [PHI06] wird mithilfe des Niederhalters die Durchbiegung der Bleche in die Matrizengravur beeinflusst. Die Regelung der Fixierkraft hat somit Einfluss auf den Hinterschnitt des Nietes und des Kraftschlusses der Verbindung.

Die Nietkopfendlage, die Restbodendicke und ein rissfreier Halbhohlstanzniet sind weitere qualitätsrelevante Verbindungsmerkmale. Der Stanznietkopf sollte am stempelseitigen Fügeteil bündig anliegen. Ein Spalt am Nietkopf führt unter Umständen zu Relativbewegungen des stempelseitigen Blechs und hat somit negativen Einfluss auf den Form- und Kraftschluss der Verbindung. Die Nietlängsachse sollte im rechten Winkel zur Fügeteilebene verlaufen, um eine einseitige Spaltbildung und damit eine inhomogene Verbindungsfestigkeit zu verhindern [CHE04].

Das Tragverhalten wird nach [THO01] von den Blechwerkstoffen, den Nieteigenschaften und den im Fügebereich veränderten Fügeteileigenschaften, z. B. Kaltverfestigungen und fertigungsbedingte Eigenspannungen, geprägt. Wird eine Halbhohlstanznietverbindung belastet, kann sie entweder durch das Ausreißen des Fügeteils, einen Bruch des Halbhohlstanznietes oder durch das Ausknöpfen des Nietes versagen. Ersteres Versagen tritt bei einer niedrigen Zugfestigkeit des Fügeteilwerkstoffs im Vergleich zum Nietwerkstoff auf. Während der Belastung kommt es zu einer plastischen Verformung des gefügten Bleches. Es folgt eine Einschnürung am Nietrand, die bis zum Bruch führt.

Ein Nietbruch hingegen entsteht infolge einer zu hohen Härte bei zu geringer Zähigkeit. Auftretende Spannungen in Kerben können dadurch nicht ausreichend abgebaut werden. Dies führt zu Rissen im Bereich des Niethalses und anschließend zum Nietbruch. Die Bleche verformen sich nur geringfügig. Maßgebend ist dafür die Rissausbreitungsgeschwindigkeit im Nietwerkstoff und nicht die plastische Verformung des Nietelements oder Fügematerials. Daher kann die Oberflächenbeschaffenheit des Halbhohlstanzniets einen größeren Einfluss auf die Verbindungsfestigkeit haben, als die Zugfestigkeit des Nietes oder des Fügeteils.

Beim Versagen durch Ausknöpfen führt eine plastische Verformung im Bereich der Fügestelle des Blechs zum Lösen des Stanznietes. Unter Umständen bleibt der Niet auch in der Verbindungsstelle hängen. Ein Ausknöpfen des Halbhohlstanznietes tritt nur bei ungünstiger Abstimmung der mechanischen Eigenschaften, der Abmessungen des Nietes und der Blechdicke auf [KUE01].

Ausbildung der Schweißpunktgeometrie

Das stoffschlüssige Verbinden des Fügehilfselements mit dem Stahl kann als Stahl-Stahl-Schweißung betrachtet werden. Für die Ausbildung einer Schweißlinse beim Widerstandspunktschweißen ist eine lokale Einbringung von Wärmeenergie erforderlich. Die Schweißwärme in einem mit Strom durchflossenen Leiter kann durch das joulesche Gesetz bestimmt werden. Daraus sind unter der Berücksichtigung des Wärmeäquivalentes die entstehende Wärmemenge Q zwischen den Elektroden und die umgesetzte Arbeit als gleichwertig anzusehen [BRU52].

Das Widerstandspunktschweißen ist ein instationärer Prozess. Deshalb wurde in [ROB51, GEN63] für die Bestimmung der Schweißwärme das zeitliche Integral verwendet. Aus dem jouleschen Gesetz können die wesentlichen Einflussfaktoren für die Schweißlinsenausbildung abgeleitet werden.

$$Q(t_S) = \int_{t_1}^{t_2} I_s^2(t_S) \cdot R_G(t_S) dt$$

Formel 1

Nach Formel 1 hat die Stromstärke den größten Einfluss auf die Linsenbildung. Weitere Faktoren sind die Schweißzeit und der Gesamtwiderstand R_G. Wobei der Widerstand indirekt über die Elektrodenkraft beeinflusst wird. Die Parameter erzeugen im Zusammenspiel neben der Schweißlinse eine charakteristische Schweißpunktgeometrie (Abbildung 10).

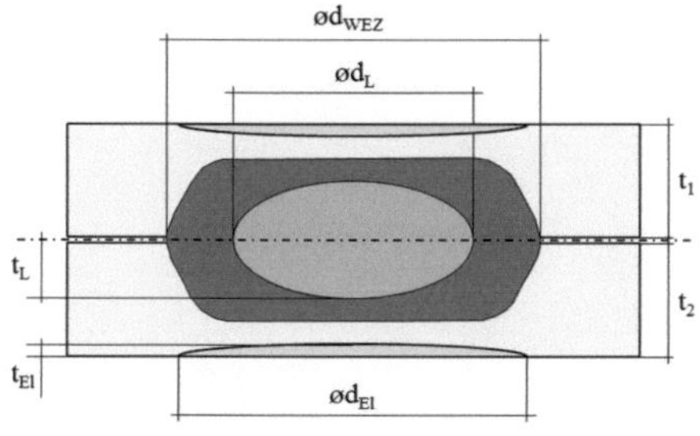

Legende	
d_L	Schweißlinsendurchmesser
d_{WEZ}	Durchmesser der Wärmeeinflusszone
d_{EI}	Durchmesser Elektrodeneindruck
t_L	Linseneindringtiefe
t_{EI}	Elektrodeneindrucktiefe
t_1	Materialdicke 1
t_2	Materialdicke 2

Abbildung 10: Darstellung der Schweißpunktgeometrie

Die Verbindungsfestigkeit einer Punktschweißverbindung ist abhängig von der erzeugten Schweißpunktgeometrie und den jeweiligen werkstofflichen Gegebenheiten. Deshalb müssen für die Bewertung der Verbindungsqualität, die Punktgeometrie und die Schweißpunktfestigkeit festgelegte Anforderungen nach DVS 2916-1 erfüllen.

2.3.4 Mechanische, thermische und elektrische Einflussgrößen

Analog zum Halbhohlstanznieten und Widerstandspunktschweißen nehmen auf die Ausbildung der Element-Aluminium-Stahl-Verbindung unter anderem die Fügeteile, das Stanzelement, die Matrize und die Fügemaschine sowie Prozessführung einen wesentlichen Einfluss. In Anlehnung an [HAH97, SCH98] wurden in Tabelle 2 die wichtigsten Einflussgrößen zusammengefasst. Beim Widerstandspunktschweißen wirken elektrische und mechanische Einflussgrößen, die Schweißmaschine selbst sowie werkstoffliche Besonderheiten auf den Schweißprozess und der Schweißlinsenausbildung. Zu den elektrischen Größen gehören der Gesamtwiderstand, Schweißstrom und die Elektrodenspannungen. Der Elektrodenweg, -geschwindigkeit und -beschleunigung sowie die Elektrodenkraft sind den mechanischen Einflussgrößen zuzuordnen. Die wesentlichen Größen werden im Nachfolgenden näher beschrieben.

Tabelle 2: Einflussgrößen auf die Verbindungsausbildung beim Widerstandspunkt-schweißen mit Stanzelement

Einflussgrößen	Verursacht durch
Fügeteile	Werkstoff, Toleranzen, Zugänglichkeit
Stanzelement	Form, Werkstoff, Fertigung, Beschichtung
Matrize und Elektrodenkappen	Form, Werkstoff, Konstruktion, Verschleiß
Fügemaschine und Prozess	Elementzuführung, Setzwerkzeug, Niederhalter Fügekraft, Stempelweg, Geschwindigkeit, Elektrodenkraft, elektr. Widerstand, Schweißstrom, -zeit,

Elektrischer Gesamtwiderstand

Der Gesamtwiderstand ist die Summe aus dem Stoffwiderstand R_S und dem Übergangswiderstand $R_Ü$. Ersterer setzt sich aus den Teilwiderständen R_1, R_3, R_5 und R_7 nach Abbildung 7 zusammen. Dem Übergangswiderstand sind R_2, R_6 und insbesondere R_4 zuzuordnen. In Abbildung 11 ist der Zusammenhang der einzelnen Widerstände beim Punktschweißen dargestellt.

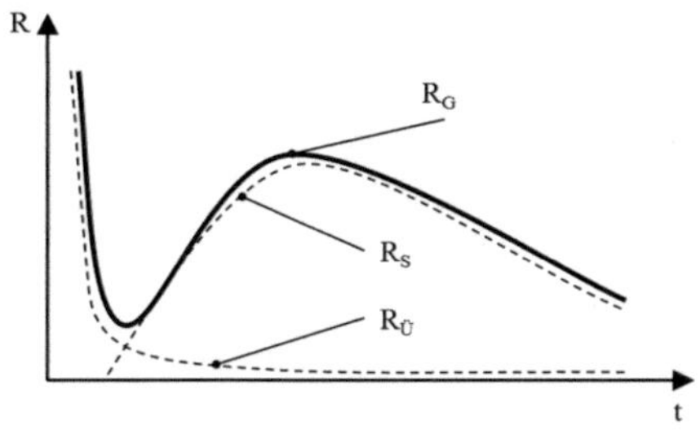

Abbildung 11: Qualitative Darstellung der dynamischen Widerstandskurve von Stahl nach [ROB51]

Im Verlauf der Schweißzeit ändern sich der Übergangs- und Stoffwiderstand sowie der gesamte Widerstandsverlauf in der Verbindung. Der Gesamtwiderstand gliedert sich in verschiedene Bereiche, wo jeder Einzelne eine indirekte Aussage über die Wärmeentstehung und Schweißlinsenbildung geben kann. Im ersten Abschnitt ist der Übergangswiderstand sehr groß und nach [SCH66] speziell im Anfangsstadium des Schweißvorgangs nicht vernachlässigbar. Mit zunehmender Schweißzeit fällt dieser aber bis nahezu auf null ab. Dagegen sind die Stoffwiderstände zu Beginn betragsmäßig klein, da die Fügeteile im festen Zustand vorliegen. Im Schweißprozess steigen diese bis auf einen Maximalwert an und sinken anschließend wieder.

Der Übergangswiderstand wird in einigen Literaturangaben auch als Kontaktwiderstand bezeichnet. [HOL41] prägte dazu die Begriffe des Engewiderstands und der a-Flächen (Spots). Bei zwei aufeinanderliegenden Flächen kommt es in der Praxis nie zur vollständigen Berührung. Es liegt demnach nur eine scheinbar mechanische Berührungsfläche vor (Abbildung 12). Durch Unebenheiten oder Oberflächenrauheiten treten in Wirklichkeit nur einzelne Bereiche in Kontakt. [HOL41] bezeichnet dieses Gebiet als wirkliche mechanische Kontaktfläche. Hinzu kommt, dass die meisten metallischen Oberflächen eine Fremdschicht besitzen.

Diese Schicht ist durch eine ungleichmäßige Dicke geprägt und weist eine lokal unterschiedliche Leitfähigkeit auf. Die davon leitenden metallischen Kontaktflächen werden als a-Flächen bezeichnet. Diese Bereiche schnüren den Stromfluss ein. Infolgedessen entsteht ein Stromengegebiet (Abbildung 12, links), welches den Engewiderstand hervorruft. Mit steigender mechanischer Belastung werden Unebenheiten sowie Rauheiten elastisch und plastisch deformiert. Zusätzlich brechen die vorliegenden Fremdschichten zunehmend auf, sodass mit fortlaufender Schweißzeit die Berührungsfläche zunimmt.

Darüber hinaus können neben den leitenden Kontaktflächen auch Elektronen aufgrund eines Potenzial- oder Wärmeunterschieds sehr dünne nichtleitende Fremdschichten durchdringen oder Zwischenräume überspringen [SIN77, THI04]. Dieser physikalische Vorgang wird auch als Tunneleffekt bezeichnet. Aus diesem Grund muss in diesem Zusammenhang von einem Übergangswiderstand anstatt eines Kontaktwiderstands gesprochen werden.

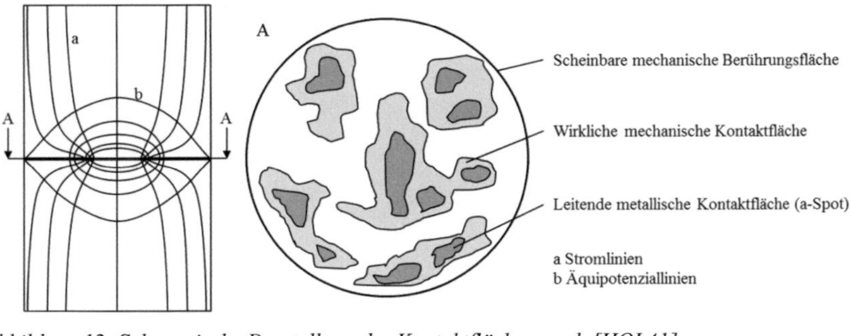

Abbildung 12: Schematische Darstellung der Kontaktflächen nach [HOL41]

Nach der Gleichung zur Bestimmung des Stoffwiderstands ist zu erkennen, dass die Querschnittfläche A und die Leiterlänge L neben den elektrischen Widerstand R wichtige Einflussgrößen sind. Unter Berücksichtigung der Temperaturverteilung in einem eindimensionalen elektrischen Leiter und der Querschnittsfläche wurde für die Berechnung die Formel eines zylindrischen Leitungswiderstands nach [BRU52] verwendet.

$$R_S(\vartheta) = \frac{1}{A} \int_{L_1}^{L_2} \rho_{el}(\vartheta(L)) dL$$

Formel 2

Der spezifische elektrische Widerstand ρ_{el} entsteht durch Stöße von Ladungsträgern mit Gitterschwingungen. Darüber hinaus erhöht er sich durch Verunreinigungen, Fehlstellen und Gitterbaufehler. Infolgedessen konnte in [POW53] ein Anstieg des Stoffwiderstands R_S mit zunehmender Temperatur festgestellt und in [PET70] bestätigt werden. Damit ist der elektrische Widerstand eine temperaturabhängige Materialkonstante und wird aus den linearen Temperaturkoeffizienten α, der Starttemperatur T_0, der momentanen Temperatur T und den Materialwerten ρ bestimmt:

$$\rho(T) = \rho(T_0) \cdot (1 - \alpha \cdot (T - T_0))$$

Formel 3

Von Beginn der Schweißung an wächst die im Werkstück stromdurchflossene Fläche zwischen den Blechen, welche stets größer ist als die Berührungsfläche zwischen der Elektrode und Blech [HOL41, KOU50]. In seinen Untersuchungen zum Punktschweißen von verzinkten Feinblechen stellte [PET70] fest, dass während des Schweißprozesses eine Verkürzung der Leiterlänge stattfindet. Die zunehmende Temperatur führt zu einer Abnahme der Werkstofffestigkeit, sodass die Elektroden in den Werkstoff eindringen. Dies bewirkt zusätzlich eine Vergrößerung des stromdurchflossenen Querschnitts.

Infolge dieser beiden Vorgänge fallen der Stoffwiderstand und damit die dynamische Widerstandskurve wieder [PET70]. Zusammenfassend betrachtet wird der Stoffwiderstand durch den Werkstoff, der Blechdicke sowie der Kontaktkreisfläche, welche sich aus der Elektrodenform und Elektrodenkraft ergibt, beeinflusst [PET70, SCH68].

Schweißstrom

[HOL41] bezeichnet den Schweißstrom als ein wärmeerzeugendes Medium. Der Strom wird durch den Kontakt beeinflusst [CON41, GRE61, GEN65, SCH68]. In den Untersuchungen von [GEN65] konnte nach der Methode von [GRE61] und den Abhandlungen von [HOL41] eine nicht homogene Stromdichteverteilung festgestellt werden. Der Strom breitet sich auch in den Bereichen aus, die nicht unter den Elektroden liegen. Ein großer Teil fließt durch die Elektrodenkanten, sodass es dort zum erhöhten Verschleiß kommt (Abbildung 13).

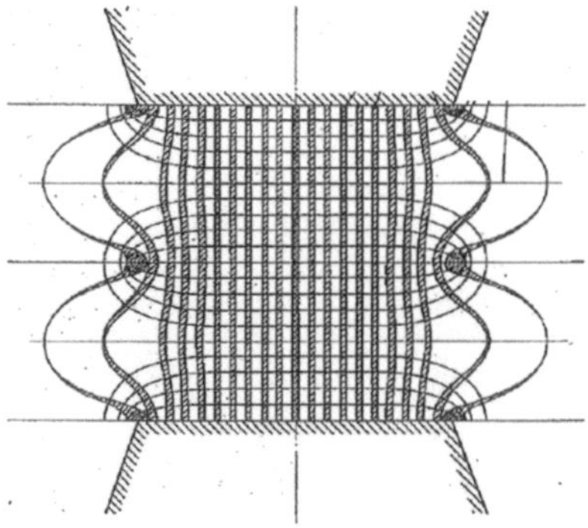

Abbildung 13: Darstellung der Stromlinien beim Punktschweißen nach [GEN65]

In den Untersuchungen von [OTT61, HEN66, MEY67, SCH68] konnte die Verteilung und die Wirkung der Stromdichte auf die Temperaturentwicklung festgestellt werden. Über die Strom-Zeit-Funktion ergab sich, dass ein niedriger Schweißstrom bei einer kleinen Kontaktfläche mit günstigen Kontaktbedingungen örtlich höhere Stromdichten hervorbringen kann als ein höherer Strom bei größeren ungünstigen Kontaktkonditionen. [GEN64, GEN65] beobachteten speziell beim Buckelschweißen eine sehr schnelle Wärmeableitung von der Schweißstelle. Nach den Grundlagen und der Theorie des Engewiderstands von [HOL41] konnte festgestellt werden, dass beim Punktschweißen der Strom im mittleren Bereich fast gerade und homogen durch die Elektroden und Bleche fließt. Jedoch verlaufen die Stromlinien im Randbereich entsprechend dem Freiraum in Form eines Ellipsoids.

In späteren Untersuchungen durch Variation unterschiedlicher Einflussgrößen konnte bestätigt werden, dass in den Randzonen eine höhere Wärmeentwicklung stattfindet [LAW65, SCH68]. [SCH68] beobachtete zudem, dass durch die zunehmende Temperatur der Stoffwiderstand so lange steigt, bis andere Bereiche mit geringerem Widerstand und günstigeren Kontaktbedingungen zu einer Stromumverteilung führen. In den Untersuchungen von [KUN72] wurde der Einfluss der Stromhöhe auf die Linsenausbildung sowie der Verbindungsfestigkeit betrachtet. Dabei stellte sich heraus, dass eine Stromerhöhung eine Linsenvergrößerung und höhere Scherzugfestigkeiten nach sich zieht. Ebenso berichtete [SIN77] von einem zunehmenden Linsendurchmesser bei höheren Stromstärken und längeren Schweißzeiten. Zudem kam es bei geringen Schweißströmen in Kombination mit langen Zeiten zu einer größeren Schweißlinse als umgekehrt.

Elektrodenkraft

Nach [KIR00] gehört die Elektrodenkraft zu den wichtigsten mechanischen Prozessgrößen beim Widerstandspunktschweißen. Sie fixiert die Fügepartner im Schweißprozess, sorgt für einen mechanischen und elektrischen Kontakt, grenzt den Schweißstromfluss örtlich ein und nimmt damit Einfluss auf die Stromdichte [SIN77]. Mit einem definierten Flächendruck können Unebenheiten geglättet und Rauheitsspitzen vermieden werden [SIN77]. Infolgedessen führt eine höhere Vorpresskraft zu einer Verringerung der Kontaktwiderstände und eines gleichmäßigeren Widerstandsverlaufs sowie Stromzufuhr [PET70, SCH68, ROB51]. Weiterhin vergrößert sich die Stromdurchgangsfläche. Folglich verringern sich die Kontaktwiderstände und die Stromdichte nimmt ab. Aufgrund des damit reduzierten Wärmeeintrags ist mit einer kleineren Ausbildung des Linsendurchmessers und einem Festigkeitsabfall zu rechnen. Weiterhin wirkt die Prozessgröße als mechanischer Stützring, um die Schweißlinse aufzubauen [SIN77]. Während der Schmelzenbildung kommt es zur Volumenzunahme des flüssigen Materials, sodass der Druck im inneren der Verbindung steigt. Reicht der durch die Schweißzange aufgebrachte Gegendruck nicht aus, erfolgt ein Austreten des Werkstoffmaterials in Form von Spritzern [SIN77]. In der Abkühlphase verhindert die Elektrodenkraft die Entstehung von Schrumpfungslunker. Die Elektrode setzt den schrumpfenden Werkstoff nach, sodass dieser sich der Linsenform durch plastische Verformung anpasst. Spalte werden geschlossen und Kerben verkleinert.

Nach [SIN77] führt dies zu einer Verbesserung der dynamischen Beanspruchung. Zudem bleibt die Wärmeableitung durch gekühlte Elektroden erhalten und Eigenspannungen können aufgrund der verringerten Schrumpfungsbehinderung reduziert werden. Ein positiver Einfluss von höheren Elektrodenkräften wurde ebenfalls beim Schweißen hochfester und höchstfester Stähle festgestellt [WEB03].

2.3.5 Werkstoffliche Auswirkungen auf das Aluminiumsubstrat

Aushärtbare Aluminiumlegierungen liegen vor dem Einsatz im Karosseriebau vorwiegend im lösungsgeglühten und abgeschreckten Zustand T4 vor. Für die Anwendung im Fahrzeugbau erfolgt beim Widerstandspunktschweißen mit Stanzelement zunächst ein lokaler Umformprozess durch das Einstanzen des Fügehilfselements in das Aluminiumsubstrat. Anschließend erfahren beide Fügepartner eine thermische Beeinflussung im Schweißprozess. Im Aluminiumsubstrat sind Erholung- und Rekristallisationsvorgänge aufgrund der Temperatureinwirkung zu erwarten. Nach der Karosseriefertigung folgt dann ein Lackierprozess bei denen Temperaturen zwischen 180 bis 210 °C auftreten. Durch die Wärmebehandlung kommt es zur Ausscheidungshärtung und Überführung der Aluminiumlegierung in den Zustand T64 oder T6, wodurch die Materialeigenschaften wieder beeinflusst werden. In der Abbildung 14 sind die Fertigungskette und die daraus resultierenden werkstofflichen Vorgänge im Aluminiumsubstrat zusammenfassend aufgeführt.

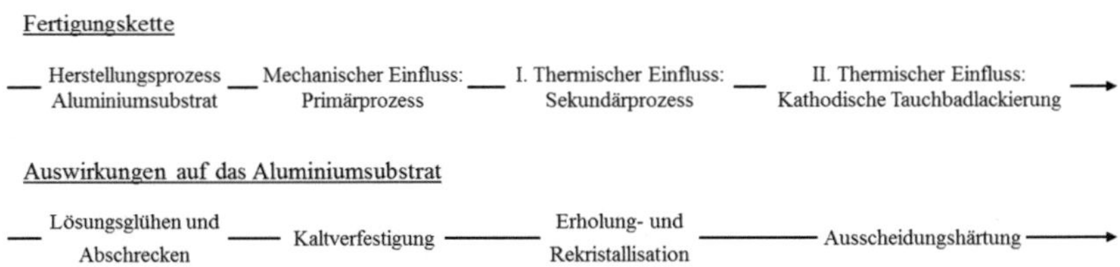

Abbildung 14: Darstellung der Fertigungskette beim Widerstandspunktschweißen mit Stanzelement und deren Auswirkung auf das Aluminiumsubstrat in Anlehnung an [WIE13]

Eigenschaften von AlMgSi-Legierungen

Im Fahrzeugbau sind Aluminiumlegierungen der naturharten 5000er, aushärtbaren 6000er und hochfesten 7000er vorzufinden. Anwendungen beziehen sich vor allem auf Anbau- oder Außenhautteilen. Besonders die aushärtbaren Knetlegierungen aus dem ternären System Aluminium-Magnesium-Silizium (Al-Mg-Si) haben eine weitere Verbreitung im Karosseriebau gefunden. Die Werkstoffzusammensetzung besteht meist aus 0,2 bis 1,6 % Silizium (Si) und 0,3 bis 1,5 % Magnesium (Mg). Weiterhin sind maximale Werte von 1,0 % Mangan (Mn) sowie 0,35 % Chrom (Cr) enthalten.

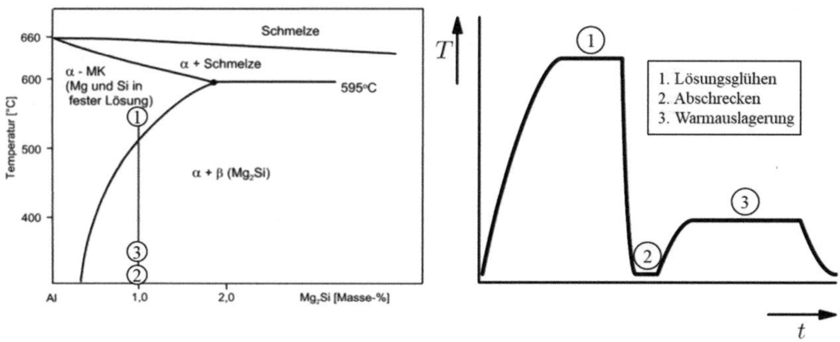

Abbildung 15: Quasibinäres Phasen- und Temperatur-Zeit-Diagramm für Al-Mg2Si-Legierungen nach [OST07, ROE08]

Bei Betrachtung des stöchiometrischen Mg-Si-Verhältnisses liegen die Legierungen im Al-Mg-Si-Dreistoffsystem nahe dem quasibinären Phasendiagramm (Abbildung 15). Dem Diagramm zufolge entspricht das einen Mg_2Si-Anteil von 0,4 bis 1,6 % und variierenden Gehalten von freiem Silizium sowie Magnesium. Mit zunehmenden Legierungsanteilen kann eine Erhöhung der Zugfestigkeit erreicht werden. Eine wesentliche Steigerung erfolgt dabei durch einen Si-Überschuss. Zusätzliches Magnesium führt dagegen zur Verringerung der Löslichkeit von Mg_2Si und zur Erhöhung der Kerbschlagfähigkeit. Weiterhin beeinflusst es das Rekristallisations- und Ausscheidungsverhalten [HUF88].

Herstellungsprozess: Lösungsglühen und Abschrecken

Der Herstellungsprozess einer Al-Mg-Si-Legierung erfolgt vorwiegend über Lösungsglühen mit anschließendem Abschrecken (Abbildung 15, 1). Das Material wird dazu auf Temperaturen zwischen 520 und 560 °C erwärmt [OST07]. Die Legierungsbestandteile gehen dabei vollständig in Lösung. Das hat zur Folge, dass sich α-Mischkristalle mit sehr feinen β-Phasen (Mg_2Si) bilden [MUE08]. Nach dem Lösungsglühen muss durch sofortiges Abschrecken die homogene Übersättigung der gelösten Legierungselemente aufgrund der starken Löslichkeitsabnahme eingefroren werden (Abbildung 15, 2). Die Al-Mg-Si-Legierung befindet sich demnach in einen thermodynamisch nicht stabilen Zustand. Bei zu geringen Abschreckgeschwindigkeiten kommt es zur Ausscheidung der β-Phase. Zudem führt ein hoher Si-Anteil zu Si-Ausscheidungen an den Korngrenzen [SCH82].

Materialverfestigung durch Kaltverformung

Die plastische Verformung eines Körpers, wie beispielsweise beim Halbhohlstanznieten, führt zur Änderung der Materialeigenschaften. Im Werkstoff kommt es zur Entstehung von Versetzungen und zu Wechselwirkungen unter selbigen. Vorwiegend geschieht dies an inneren Oberflächen oder Hindernissen wie zum Beispiel Korngrenzen. Die Versetzungsanhäufungen nehmen eine räumliche Struktur an und schließen kleine, unregelmäßige sowie versetzungsfreie Kristallbereiche ein. Die Größe der Versetzungszellen ist abhängig vom Umformgrad und liegt zwischen 1 bis 5 µm [OST07].

Durch die Erhöhung der Versetzungsdichte werden hohe Energien gespeichert. Insgesamt steigen die erforderliche Spannung und der Widerstand gegenüber der Verformung. Daraus folgt eine Festigkeitssteigerung sowie Verringerung der Bruchdehnung im Material. Die Versetzungsdichte strebt bei hohen Umformgraden einen Gleichgewichtszustand an, da eine Zunahme auch zur Auslöschung von Versetzungen führen kann. In [ROE08] wird von einer möglichen Versetzungsdichte bis 10^{16} m^{-2} berichtet. Der werkstoffliche Prozess wird als Kaltverfestigung bezeichnet.

Entfestigungsvorgänge durch Erholung und Rekristallisation unter Temperatureinfluss

Erholung- und Rekristallisationsvorgänge führen zum Abbau der Versetzungsdichte und damit zur Entfestigung des Materials. Beide Vorgänge benötigen eine thermische Aktivierung. Wobei eine Erholung im Korninneren abläuft ohne Änderung der Korngröße. Erholungsvorgänge sind vorwiegend bei geringeren Temperaturen und Verformungsgraden vorzufinden. In [ROE08] wird der Vorgang auch als Kletterprozess beschrieben. Versetzungen können unter Temperatureinfluss ihre Gleitebene ändern und sich damit auflösen. Der Prozess führt zu einer günstigeren Anordnung im Materialinneren, wodurch die Versetzungsdichte insgesamt abnimmt. Der Abbau der Versetzungsdichte erfolgt gleichmäßig und gleichzeitig in allen Körnern. Das Material erholt sich.

Eine Rekristallisation hingegen basiert auf der Entfestigung durch die Keimbildung versetzungsarmer Kristallite. Die Korngröße des Rekristallisationsgefüges ist abhängig vom Verhältnis der Keimbildungshäufigkeit zur Wachstumsrate. Eine hohe Versetzungsdichte nach einer Kaltverformung bedeutet auch viele Gitterfehler und höhere Diffusionsgeschwindigkeiten für Eigen- und Fremdatome. Aus diesem Grund wird in [ROE08] auch von einer thermodynamischen Instabilität gesprochen. Korngrenzen stellen deshalb beliebte Orte für Keimbildung und Wachstum von Fremdphasen dar [OST07]. Die eigentliche Triebkraft für die Gefügeneubildung liegt somit in der vorliegenden Versetzungsdichte. Die wesentlichen Einflussfaktoren sind der Verformungsgrad sowie die Temperatur. Die Rekristallisation kann sowohl dynamisch ablaufen, also während der Warmumformung, als auch bei der Kaltumformung in Kombination mit zwischengeschalteten Wärmebehandlungen.

Ausscheidungshärtung

Ausscheidungs- und dispersionsfähige Werkstoffe bestehen aus mehreren Phasen. Diese Materialien können hohe Festigkeitswerte erreichen. Die Ursache ist in den sehr feinen Teilchen der zweiten Mg_2Si-Phase begründet, welche im Korninneren einer ersten Phase liegen und eine starke Hinderniswirkung auf Versetzungen ausüben. Bei Raumtemperatur herrscht der nach dem Lösungsglühen eingefrorene Gleichgewichtszustand.

Während des Lackierprozesses kommt es durch die erhöhten Temperaturen zu einem Diffusionsprozess und Ausscheidung der Mg_2Si-Phasen (Abbildung 15, 3). Infolgedessen verspannt sich das Kristallgitter [UYM07]. Die daraus resultierende Festigkeitssteigerung wird vorwiegend durch den Si-Überschuss erreicht, welcher mit dem Aluminium weitere Mischkristalle ausbildet [BAR08]. Die Aushärtungskinetik wird durch Kaltverfestigung in diesem Falle ebenfalls beschleunigt, sodass die notwendigen Warmauslagerungstemperaturen und -zeiten sich verringern. Durch geeignete Wahl der thermomechanischen Prozessparameter lassen sich über den T6-Zustand hinausgehende Festigkeitswerte erzielen bei gleichzeitig noch annehmbaren Duktilitätswerten [OST07].

2.3.6 Schlussfolgerungen zum Widerstandspunktschweißen mit Stanzelement

In ersten Untersuchungen zum Widerstandspunktschweißen mit Stanzelement existieren bisher nur wenige Ergebnisse. Zum Beispiel fehlen Angaben zur Verbindungsfestigkeit. Die Ausbildung der Schweißlinsengeometrie ist bisher gänzlich ungeklärt. Weiterhin liegen kaum Aussagen vor, die den Einfluss des Primär- oder Sekundärprozesses auf die Gesamtverbindung beschreiben. Ein Hinweis besteht in der gezielten Einstellung der Elementkopfendlage. Vom Buckelschweißen ist bekannt, dass die Buckelgeometrie und dessen Ausprägung den Schweißprozess signifikant beeinflussen. Analogien könnten auch hier zu finden sein. Weiterhin kann davon ausgegangen werden, dass das Einstanzen des Elements auch einen Einfluss auf die Gesamtverbindung nimmt.

Eine Beurteilung der Verbindungsqualität kann zunächst über die geometrischen Kennwerte durch makro- und mikroskopische Untersuchungen analog dem Halbhohlstanznieten und Widerstandspunktschweißen erfolgen. Die mechanisch-technologischen Eigenschaften der Gesamtverbindung könnten mithilfe quasistatischer Zugversuche bestimmt werden. Aussagen zum thermischen Einfluss auf die Verbindung zwischen dem Stanzelement und dem Aluminiumsubstrat sind aber nur begrenzt möglich. Im Stand der Technik fehlen jegliche Erkenntnisse und Ansätze, die eine Ermittlung der Verbindungsfestigkeit zwischen Element und Aluminiumsubstrat vor dem Schweißprozess ermöglichen.

Darüber hinaus liegen keine Kenntnisse über die Materialeigenschaften der verwendeten AlMgSi-Knetlegierung nach den Fügeprozessen vor, denn durch eine mechanische Kaltverformung oder thermische Belastung sind Materialveränderungen zu erwarten. Eine Erwärmung des Aluminiumsubstrats ist ebenfalls nicht auszuschließen. Insbesondere an den Stromübergangsbereichen können lokal hohe Temperaturen vorliegen. Somit ist die Ausbildung von intermetallischen Phasen in der Grenzfläche zwischen Stanzelement und Aluminiumsubstrat nicht auszuschließen.

3 Zielstellung

Zur Realisierung heutiger Leichtbaukarosserien nimmt das Fügen von Aluminium mit Stahl eine zentrale Rolle ein. Ein Lösungsansatz bieten zweischrittige Fügeverfahren wie das Widerstandspunktschweißen mit Stanzelement. Die Integration dieser Technologie in die Fertigungskette erfordert ein umfassendes Prozessverständnis.

Dem Stand der Technik zum Stanznieten zufolge führt eine Vergrößerung des Hinterschnitts zur Steigerung der Verbindungsfestigkeit zwischen Stanzelement und Aluminiumsubstrat. Analogien zum Buckelschweißen lassen zudem erwarten, dass mit einer gezielten Elementkopfendlage bzw. Buckelhöhe der Strompfad sowie die Schmelzenbildung definiert werden kann. Weiterhin sollte der Sekundärprozess zu einer zusätzlichen Elementverformung führen, was den Hinterschnitt weiter vergrößert.

Die Betrachtung werkstofflicher Auswirkungen auf Aluminiumlegierungen entlang der Fertigungskette lässt die Annahme zu, dass die zugeführte Schweißwärme das Aluminiumsubstrat entfestigt. Eine Steigerung der Verbindungsfestigkeit sollte aber durch eine gezielte Wärmebehandlung nach dem Fügeprozess erreicht werden können. Die aus dem Stand der Technik zusammengefassten Erkenntnisse umfassen eine geometrische und werkstoffliche Beeinflussung der Verbindung entlang der Fertigungskette. Daraus lässt sich folgende Frage ableiten: Welcher Aspekt wirkt sich dominierend auf die Verbindungsfestigkeit der Aluminium-Stahl-Blechverbindung aus?

Die Aufgabenstellung kann daran klar aufgezeigt werden: Untersuchung der prozesstechnischen und werkstofflichen Besonderheiten beim Widerstandspunktschweißen mit Stanzelement zur Realisierung von Aluminium-Stahl-Blechverbindungen im Karosseriebau. Die notwendige Materialdickenkombination soll sich dabei an einer fahrzeugrelevanten Anwendung orientieren. Weiterhin werden konstruktive und wirtschaftliche Randbedingungen, wie die Nutzung konventioneller Anlagentechnik berücksichtigt.

Ziel dieser Arbeit ist damit die Bestimmung der Verbindungsausbildung vom Stanzelementprozess und der Einfluss der Schweißlinsenbildung auf die Charakteristik der Gesamtverbindung. Dazu sind die im Folgenden aufeinander aufgebauten Teilziele zu erreichen:

1. Bestimmung der Ausgangsbedingungen und Prozesseinflussgrößen für den Setz- und Schweißprozess,
2. Beschreibung der Schweißlinsenausbildung und deren Auswirkung auf das Stanzelement,
3. Erstellung eines Stromlinienmodells zur Linsenbildung beim Widerstandspunktschweißen mit Stanzelement zur Lokalisierung der Schmelzenentstehung sowie der temperaturbeeinflussten Bereiche,
4. Entwicklung einer Prüfmethodik zur Bewertung der Verbindungscharakteristik zwischen Element und Aluminiumsubstrat sowie der Gesamtverbindung,
5. Beschreibung der mechanischen und thermischen Wechselwirkungen sowie deren Einfluss auf die Fügepartner.

4 Experimentelle Vorgehensweise

4.1 Vorgehen und Methodik

Die Werkstoffauswahl bezog sich auf eine fahrzeugrelevante Baugruppe. Für die Untersuchungen wurden deshalb die Aluminiumlegierung EN AW-6016 und der Stahl 22MnB5 verwendet. Als Stanzelement kam der Halbhohlstanzniet vom Typ C3,3x4 H2 zum Einsatz.

Zu Beginn wurde die Verbindungsausbildung jeweils im Primär- und im Sekundärprozess analysiert. Dazu gehörte die Betrachtung der mechanischen Elementeinbringung und der Schweißlinsenbildung. Auf Basis der Finite-Elemente-Methode wurde zusätzlich eine Fügeprozessanalyse des Sekundärprozesses durchgeführt. So konnten die Auswirkungen des Strompfades und der Stromdichte auf die Schmelzenentstehung sowie auf das Linsenwachstum aufgezeigt werden. Daraus abgeleitet, wurde ein Stromlinien-Modell für das Widerstandspunktschweißen mit Stanzelement erstellt. Die Ergebnisse zur Schweißlinsenbildung aus dem Experiment und der Simulation legten die Grundlagen für die Untersuchungen zum thermischen Einfluss auf das Stanzelement.

Unter Variation der Schweißparameter Strom, Zeit und Elektrodenkraft wurden im nächsten Schritt ein Schweißstrom-Zeit- und Schweißstrom-Kraft-Bereichsdiagramm erfasst. Auf deren Grundlage konnten weitere Erkenntnisse zur Auslegung der Buckelhöhe und Einflüsse der Schweißparameter auf die Linsenbildung sowie Entstehungsformen gewonnen werden. Ein weiterer Untersuchungsschwerpunkt war die Erfassung der thermischen Auswirkungen auf eine mögliche Elementverformung.

Zur Beschreibung der Wechselwirkungen zwischen Primär- und Sekundärprozess sowie Bewertung der mechanisch-technologischen Eigenschaften war neben den Scherzugprüfungen eine neue Prüfmethode notwendig. Aus verschiedenen Ansätzen heraus erfolgte im Vorfeld die Entwicklung einer geeigneten Prüfmethodik, inklusive Versuchskörper, für zweischrittige Fügeverfahren mit innenliegendem Zusatzelement, welche anschließend validiert wurde. Mithilfe der zerstörenden Prüfungen konnte so der Einfluss der Schweißlinsenbildung untersucht werden.

Die Betrachtungen umfassten das Stanzelement selbst, die Analyse der kraft-, form- und stoffschlüssigen Verbindung sowie die Einwirkungen auf die einzelnen Fügepartner.

Abschließend wurde die Verbindung zwischen dem Stanzelement und Aluminiumsubstrat in Bezug auf die thermischen Auswirkungen durch den Sekundärprozess sowie auf eine mögliche intermetallische Phasenbildung untersucht. Die einzelnen Erkenntnisse ermöglichten letztendlich eine zusammenfassende Betrachtung der Verbindungscharakteristik beim Widerstandspunktschweißen mit Stanzelement. In Abbildung 16 ist eine vollständige Übersicht der Vorgehensweise und der in dieser Arbeit durchgeführten Untersuchungen zusammengefasst.

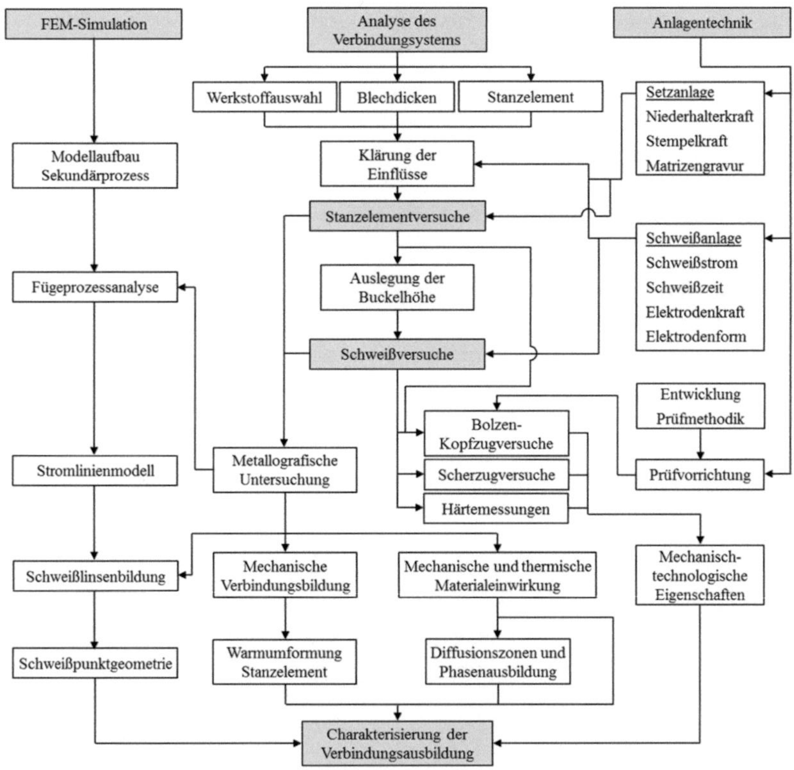

Abbildung 16: Übersicht der Vorgehensweise

4.2 Werkstoffe

Aluminiumsubstrat

Als Aluminiumsubstrat wurde die aushärtbare Legierung EN AW-6016 (AlSi1,2Mg0,4) mit einer Walzwerkpassivierung verwendet. Die Blechdicke betrug 2,0 mm. Der Werkstoff zeichnet sich durch gute Umformbarkeit und Korrosionsbeständigkeit aus. Im Anlieferungs- und Wärmebehandlungszustand ist das Aluminiumsubstrat lösungsgeglüht, abgeschreckt und kaltausgelagert (T4-Zustand). Die Warmauslagerung erfolgt durch die Aushärtung im KTL-Ofen.

Eine Wärmebehandlung bei 185 °C über 20 min entspricht dabei der Überführung in einen teilwarmausgelagerten Zustand (T64) nach DIN EN 515. Infolge der thermischen Belastung verändern sich die Werkstoffeigenschaften. Die chemische Zusammensetzung ist in Tabelle 3 und die mechanisch-technologischen Eigenschaften in Tabelle 4 aufgelistet.

Tabelle 3: Chemische Zusammensetzung des verwendeten Aluminiumsubstrats EN AW-6016 nach DIN EN 573-3

Chemische Zusammensetzung von EN AW-6016 [Mass.-%]								
Si	Fe max.	Cu max.	Mn max.	Mg max.	Cr max.	Zn max.	Ti max.	Al
1,0 - 1,5	0,50	0,20	0,20	0,25 - 0,60	0,10	0,20	0,15	Rest

Tabelle 4: Mechanisch-technologische Kennwerte der Legierung EN AW-6016 nach DIN EN 485-2

Werkstoffzustand	Zugfestigkeit R_m [MPa]	Dehngrenze $R_{p0,2}$ [MPa]	Bruchdehnung A_{50} [%] min.
T4	170 - 250	80 - 140	24
T64	≥ 220	≥ 160	≥ 14
T6	260 - 300	180 - 260	10

Stahl

Der ausgewählte mikrolegierte Vergütungsstahl 22MnB5 ist mit einer Aluminium-Silizium-Beschichtung AS150 oberflächenvergütet und im direkten Warmumformverfahren ausgehärtet. Er besitzt im kaltgewalzten Zustand ein ferritisch-perlitisches Grundgefüge. Gelegentlich sind geringe Anteile von Bainit enthalten. Nach dem Presshärtprozess bei 900 – 950 °C liegt ein martensitisches Gefüge vor. Während des Warmumformverfahrens kommt es aufgrund von Diffusionsvorgängen zu einem Wachstum der Beschichtungsdicke. Es entsteht eine hochschmelzende Al-Si-Fe-Schicht mit einer Schichtdicke von ca. 40 µm. Die chemische Zusammensetzung des Stahlwerkstoffs ist der Tabelle 5 und die mechanisch-technologischen Eigenschaften der Tabelle 6 zu entnehmen.

Tabelle 5: Chemische Zusammensetzung von 22MnB5 nach [SAL07]

Chemische Zusammensetzung von 22MnB5 [Mass.-%]									
C max.	Si max.	Mn max.	P max.	S max.	Cr max.	Mo max.	Ti max.	B	Al
0,25	0,4	1,4	0,025	0,005	0,35	0,35	0,05	0,005	0,06

Tabelle 6: Mechanisch-technologische Kennwerte von 22MnB5 nach [ARC12]

Stahlwerkstoff	Zugfestigkeit R_m [MPa]	Dehngrenze $R_{p0,2}$ [MPa]	Bruchdehnung A_{50} [%] min.
22MnB5	1300 - 1650	1000 - 1250	6

4.3 Stanzelement

Für die Untersuchungen wurde als Stanzelement ein handelsüblicher Halbhohlstanzniet verwendet. Das Elementmaterial besteht aus dem Werkstoff 35B2. Der kaltstauchbare Vergütungsstahl lässt sich auf Ein- und Mehrstufenpressen mit mittleren und hohen Umformgraden kalt verformen. Die chemische Zusammensetzung nach Tabelle 7 ermöglicht eine genaue Härtebeeinflussung durch Wärmebehandlung. Um eine Aluminiumsubstratdicke von 2,0 mm verwenden zu können, waren kleine Halbhohlstanzniete vom Typ C3,3x4 notwendig. Die Abmessungen und Elementhärte sind in der Tabelle 8 zusammengefasst.

Die Oberfläche der Stanzelemente besteht hauptsächlich aus Zink, Zinn und Aluminium und wird auch als Almac-Beschichtung bezeichnet. Der Auftrag erfolgt durch einen mechanischen Trommelprozess. Die Gesamtschichtdicke beträgt ca. 14 µm. In Abbildung 17 ist der Aufbau der Elementbeschichtung im Mikroschliff dargestellt.

Tabelle 7: Chemische Zusammensetzung von 35B2 nach [DIN EN 10269]

Chemische Zusammensetzung von 35B2 [Mass.-%]						
C	Si max.	Mn max.	P max.	S max.	Cr max.	B max.
0,32-0,39	0,40	0,80	0,03	0,015	0,30	0,005

Tabelle 8: Verwendetes Stanzelement C3,3x4 H2

d_K [mm]	d_{F0} [mm]	x_H [mm]	l [mm]	Härte HV1	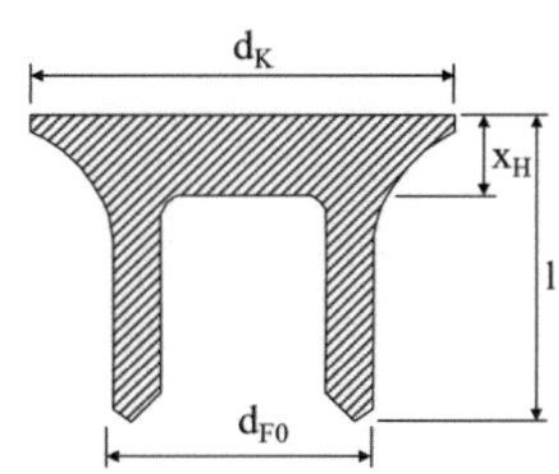
5,3	3,3	1,0	4,0	420 ± 30	

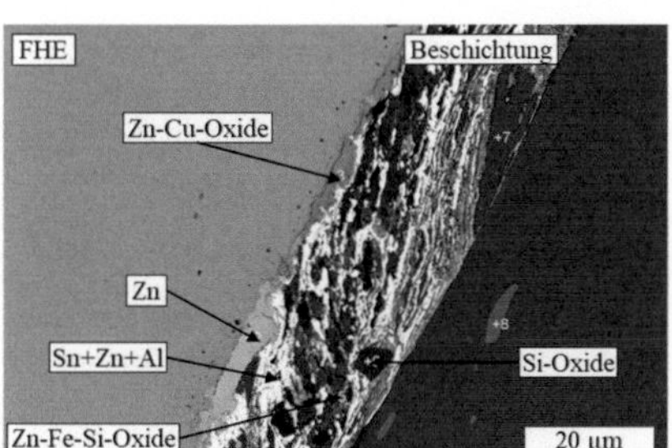

Abbildung 17: Aufbau der Aluminium-Zinn-Zink-Beschichtung des Stanzelements

4.4 Fügeanlagen und Versuchsdurchführung

4.4.1 Setzanlage und Werkzeuge

Als Setzanlage kam eine pneumatische, weggesteuerte Setzanlage der Fa. Tox zum Einsatz. Damit ließen sich die Stanzelemente über eine definierte Einstanztiefe in das Aluminiumsubstrat einprägen. In den Untersuchungen wurde die Elementkopfendlage als Wert für die Einbringung angegeben. Im Sekundärprozess wird diese Kenngröße auch als Buckelhöhe bezeichnet. Zum Einbringen der Stanzelemente war ein speziell angefertigter Setzkopf notwendig. Die Niederhalterkraft wurde über eine vorgespannte Feder realisiert. Der Laborsetzkopf war über eine Verlängerung an den C-Rahmen befestigt. Die Kenndaten der verwendeten Setzeinrichtung sind in der Tabelle 9 aufgeführt. Das Setzwerkzeug wurde im Vorfeld auf die Fügeaufgabe abgestimmt, sodass die Flachmatrize M70-05 für die Aluminiumsubstratdicke von 2,0 mm zur Anwendung kam. Die Abmessungen sind in Tabelle 10 aufgeführt. Die Oberfläche der Gravur wurde nachträglich poliert.

Tabelle 9: Kenndaten der Setzanlage

Anlage	Antrieb	Weg-steuerung	Setz-kraft max.	Niederhalter Feder-steifigkeit	Niederhalter-kraft max.
TOX-Setzanlage	pneu-matisch	150 mm	55 kN	170 N/mm²	1,8 kN

Tabelle 10: Verwendete Matrizengeometrie

Bezeichnung	d_M [mm]	x_M [mm]	R [mm]	α [°]	
M70-05	7,0	0,5	0,3	10	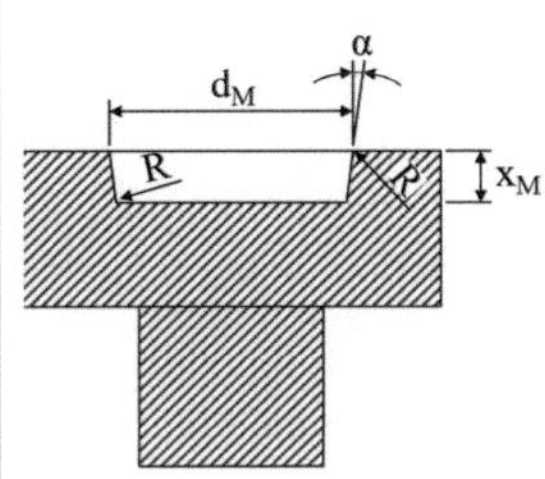
Bezeichnung MXX-YY: M = Matrize / XX = $ød_M$ / YY = x_M					

4.4.2 Schweißanlage und Elektrodenkappen

Für den Schweißprozess wurde eine servomotorische Schweißzange mit C-Bügel und einen Mittelfrequenzinverter sowie Steuerung von der Fa. Matuschek verwendet. Die Anlage besitzt eine verkürzte Ausladung, woraus eine höhere Steifigkeit und eine geringere Aufbiegung hervorgehen. Die Einstellung der Prozessparameter und Überwachung der Prozesskurven erfolgte über einem mit der Schweißsteuerung gekoppelten Laptop. In Tabelle 11 sind die technischen Daten der Punktschweißanlage angegeben.

Tabelle 11: Verwendete Punktschweißanlage der Fa. Matuschek

Antrieb	Leistung	Elektroden-kraft	Arbeitshub	Vorschub-geschwindigkeit
Servomotorisch	≤ 220 kVA	≤ 6,0 kN	≤ 150 mm	≤ 500 mm/s

Für die Untersuchungen kamen unter Beachtung der fertigungsspezifischen Randbedingungen im Karosseriebau die Elektrodenkappen nach DIN EN ISO 5821 vom Typ F1-16-20-50-6,0 zum Einsatz (Tabelle 12). Die Elektrodenausrichtung blieb während der Schweißversuche konstant, um weitere prozessbedingte Störgrößen auszuschließen. Die Anode befand sich somit stahlseitig und die Kathode aluminiumseitig. Ausnahme bildet eine Versuchsreihe in Kap. 5.4, wo explizit der Einfluss der Elektrodenpolung im Mittelpunkt stand.

Tabelle 12: Abmessung der verwendeten Elektrodenkappen nach DIN EN ISO 5821

Typ	d_1	d_2	l	SR_1	SR_2	Elektroden-kraft max. [kN]	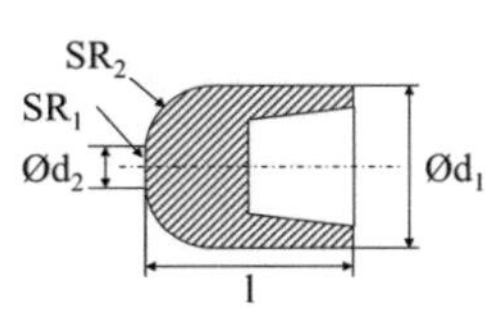
	[mm]						
F1	16	6,0	20	50	8	4	

4.5 Methoden zur Bewertung der Verbindungseigenschaften

4.5.1 Mikroskopische Beurteilung und Charakterisierung von Oberflächen

Die mikroskopischen Untersuchungen an Schliffproben dienten zur Beurteilung der geometrischen Kennwerte zwischen dem Stanzelement und Aluminiumsubstrat sowie der Schweißlinsengeometrie. Für die Bewertung der Primärverbindung dienten die charakteristische Kenngrößen Hinterschnitt u, Buckelhöhe bzw. Elementkopfendlage x_K, Stauchmaß x_L, Fußdurchmesser d_F, Restbodendicke x_R und die Schließkopfhöhe x_{Sk}. Für die Sekundärverbindung wurden zusätzlich der Schweißlinsendurchmesser d_L, der Schmelzendurchmesser d_S sowie die Schweißlinseneindringtiefe t_L hinzugezogen. In Abbildung 18 sind die relevanten Kenngrößen schematisch dargestellt.

Neben dem Digitalmikroskop wurde zusätzlich ein Rasterelektronen- und Transmissionselektronenmikroskop verwendet. Diese Untersuchungen sollten Aufschluss über eine mögliche Bildung von intermetallischen Phasen an der Grenzfläche zwischen Stahlelement und Aluminiumsubstrat geben.

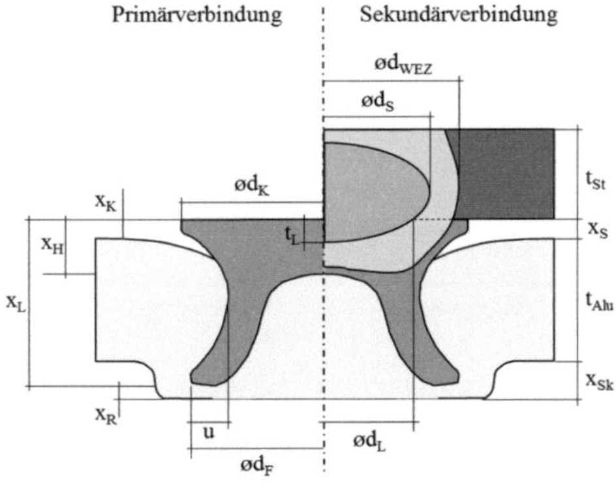

Legende	
$ød_K$	Kopfdurchmesser
$ød_F$	Fußdurchmesser
u	Hinterschnitt
x_H	Elementkopfhöhe
x_K	Elementkopfendlage / Buckelhöhe
x_L	Stauchmaß / Elementlänge
x_S	Spalthöhe
x_{Sk}	Schließkopfhöhe
x_R	Restbodendicke
$ød_S$	Schmelzendurchmesser
$ød_L$	Linsendurchmesser
$ød_{WEZ}$	Durchmesser Wärmeeinflusszone
t_L	Linseneindringtiefe
t	Blechdicke

Abbildung 18: Relevante Kenngrößen der Primär- und Sekundärverbindung

4.5.2 Abroll- und Härteprüfung

Die Abrollprüfung nach DIN EN ISO 10447 wurde zur Bewertung von Schweißverbindungen herangezogen. Bei der Ermittlung der Schweißbereichsgrenzen nach DIN EN ISO 14327 konnte so die untere Grenze durch ein Ausknöpfen des Stanzelements aus dem Aluminiumsubstrat definiert werden (Ausknöpfgrenze). Bei einer nicht ausreichenden Anbindung am Stahlblech war das Versagen im Abrollversuch durch einen Linsenbruch gekennzeichnet (Abbildung 19). Die Härteprüfung an polierten Schliffen erfolgte nach Vickers mit der Härteprüfvorrichtung Qness Q10. Für die Untersuchung der wärmebeeinflussten Bereiche und der Schweißlinse wurden punktuelle Megssungen durchgeführt. Zur Auswertung der einzelnen Prozessschritte sowie einer Wärmebehandlung auf die Fügepartner war eine flächenhafte Härteprüfung zielführend.

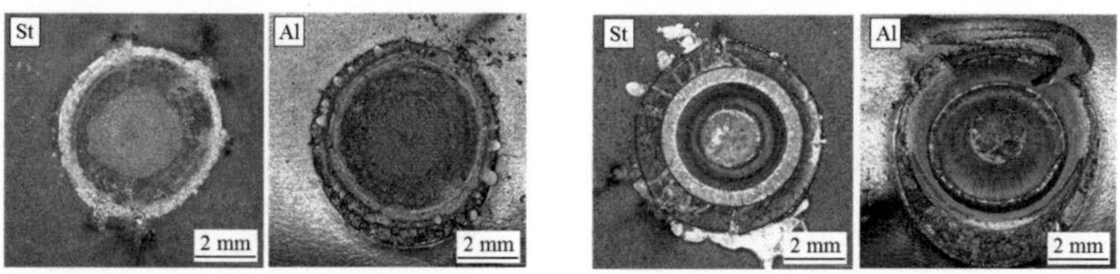

Abbildung 19: Darstellung eines Linsenbruchs (links) und Ausknöpfen des Stanzelements (rechts)

4.5.3 Quasistatische Zugversuche

Die Bestimmung mechanisch-technologischer Eigenschaften punktförmiger Fügeverbindungen erfolgt über zerstörende Prüfmethoden. Dazu zählen unter anderem quasistatische Scher- und Kopfzugversuche. Im Zusammenhang mit dem Versagensverhalten lassen sich die Verbindungseigenschaften charakterisieren. Das Versagen ist abhängig von der Prüfmethode selbst, der Geometrie des Prüfkörpers, der Werkstofffestigkeit, der Materialdicke und vom Fügeverfahren nach DVS 2916. Die Probenherstellung, Versuchsdurchführung und Auswertung der Prüfergebnisse sind für Scherzug- in DIN EN ISO 14273 und für Kopfzugversuche in DIN EN ISO 14272 beschrieben. Bei der Scherzugprüfung wirken nach DVS 2916 verschiedene Beanspruchungsformen auf die Verbindung. Bei zunehmender Belastung tritt aufgrund der Verformung der Probe eine zusätzliche Kopfzugbeanspruchung auf (Abbildung 20).

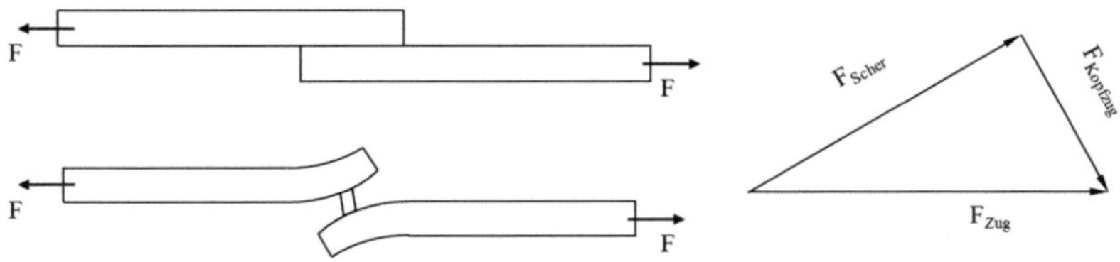

Abbildung 20: Beanspruchungen auf einer Scherzugprobe nach DVS 2916

Die Scherzugversuche erfolgten an der Universalprüfmaschine Zwick 1474. Die Überlappung der Fügepartner betrug aufgrund fahrzeugspezifischer Randbedingungen 16 mm. Zur Beurteilung der mechanisch-technologischen Eigenschaften wurden jeweils fünf bis sieben Proben je Versuchsreihe bei einer Prüfgeschwindigkeit von 10 mm/min geprüft. Die Bewertung des Tragverhaltens erfolgte durch die maximale Scherzugkraft, die Brucharbeit und den Kraft-Weg-Verlauf. Die Probengeometrie für die Scherzugversuche ist in Abbildung 21 dargestellt. Für die Kopfzugversuche wurde eine eigens entwickelte Prüfmethode verwendet. Der Entwicklungsansatz sowie die Methode selbst werden im nächsten Kapitel näher beschrieben.

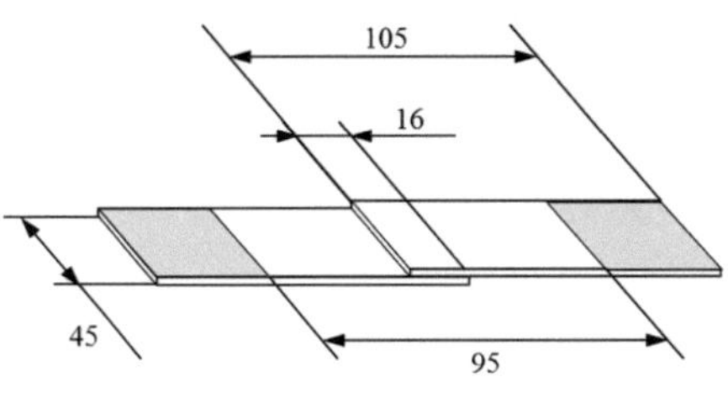

Abbildung 21: Probenmaße der Scherzugproben

4.6 Entwicklung einer Kopfzugprüfung zur Verbindungscharakterisierung

4.6.1 Ansatz zur Prüfmethodik

Im Stand der Technik wurde der Hinterschnitt als festigkeitsrelevante Kenngröße beim Halbhohlstanznieten angesehen. Ein Nachweis, inwiefern diese geometrische Größe oder deren Variation eine Auswirkung auf die Verbindungsfestigkeit hat, konnte bisher nicht erbracht werden. Bisherige Prüfmethoden beschränken sich nur auf die Bewertung der Gesamtverbindung zweier Fügepartner. Bei zweischrittigen Fügeverfahren können die Wechselwirkungen der beiden Prozesse nur unzureichend untersucht werden.

Der Ansatz basiert auf die Durchführung einer Kopfzugprüfung zur Charakterisierung der Verbindungseigenschaften. Die Umsetzung erfolgt über das Aufbringen eines Bolzens auf das Stanzelement mittels Bolzenschweißen durch Spitzenzündung (Abbildung 22). Mit dieser Methode kann die Kopfzugkraft F_K vor sowie nach dem Schweißprozess gemessen und damit der Einfluss des Hinterschnitts untersucht werden. Zudem ist mit diesem Ansatz ein Vergleich zur Gesamtverbindung möglich.

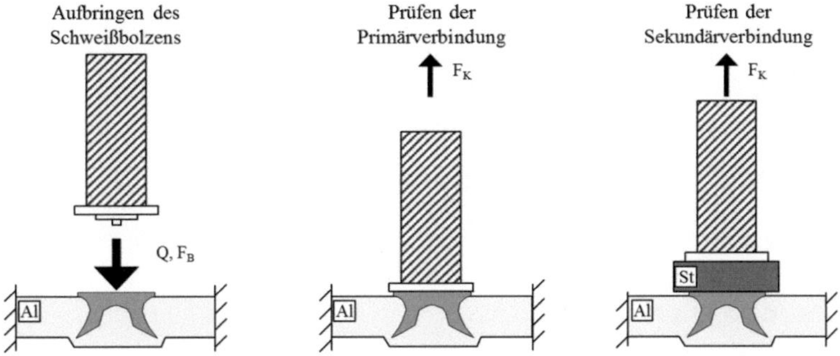

Abbildung 22: Schematischer Ablauf der Bolzenschweißung (links), Kopfzugprüfung (mitte, rechts)

4.6.2 Bolzenschweißgerät, Prüfvorrichtung und Versuchskörper

Das Bolzenschweißgerät der Fa. Heinz Soyer Bolzenschweißtechnik GmbH wird über eine Kondensatorbatterie betrieben. Die Spannung im Schweißprozess wird je nach Material, Oberfläche, Bolzendurchmesser und Blechdicken automatisch geregelt und liegt zwischen 50 und 200 V. Das aufzuschweißende Funktionselement ist ein Gewindebolzen M5 aus verkupferten Bolzenstahl mit einer Länge von 30 mm und der Festigkeitsklasse 4.8 vom Typ PT nach DIN EN ISO 13918. Für die Festigkeitsuntersuchung der eingestanzten Proben nach dem Primärprozess war es hinsichtlich einer besseren Kontaktierung notwendig, die Al-Sn-Zn-Beschichtung von der Kopfoberfläche des Stanzelements grobflächig zu entfernen. Die Bolzenschweißung auf das Stahlblech erfolgte ohne Oberflächenvorbehandlung. An die Prüfvorrichtung wurden folgenden Anforderungen gestellt:

1. Ermittlung der Verbindungsfestigkeit nach dem Primär- und Sekundärprozess,
2. Nutzung einer Universalprüfmaschine,
3. Darstellung der kinematischen Abläufe und Aufzeichnungsmöglichkeit,
4. Verwendung von Prüfkörpergeometrien für Kopfzugbelastung,
5. Änderungsmöglichkeit der Werkstoffe, Materialstärken und Fügehilfselemente.

Für die Durchführung der Kopfzugversuche wurde eine Universalprüfmaschine der Fa. Zwick verwendet. Dies ermöglichte die Aufzeichnung notwendiger Messgrößen, wie zum Beispiel die Kopfzugkraft und Brucharbeit oder Kraft-Weg-Diagramme. Infolgedessen bezog sich die Auslegung der Prüfvorrichtung auf die Fixierung der Probebleche mit aufgeschweißten Bolzen und der Einspannung in der Prüfmaschine. Die Prüfvorrichtung bestand aus den folgenden Komponenten und ist in Abbildung 23 aufgezeigt:

1. Sicherungsmutter
2. Abdeckplatte
3. Fixierplatte mit Auszugsbohrung
4. Versuchsprobe mit aufgeschweißten Bolzen
5. Grundplatte

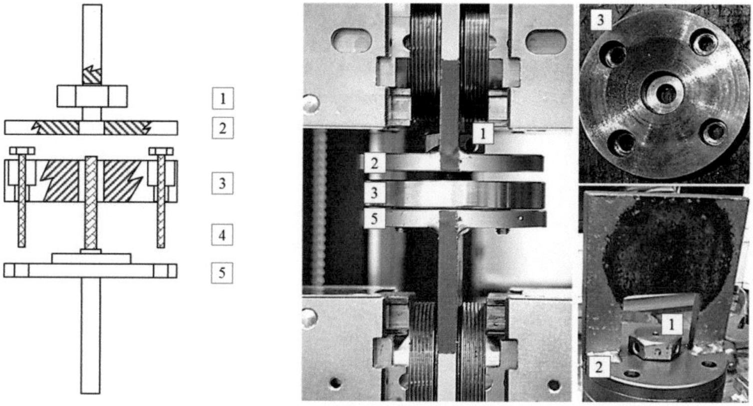

Abbildung 23: Aufbau der Prüfvorrichtung für die Bolzen-Kopfzugversuche

Eine Grund- (5) und Fixierplatte (2), welche über eine Schraubenverbindung gelöst und befestigt werden kann, fixiert die Versuchsproben (4). Die Aluminiumbleche besitzen eine Abmessung von 30 x 30 mm für die Kopfzugprüfung. Die Größe der Stahlplättchen wurde für die Validierung der Prüfmethode variiert. Der aufgeschweißte Bolzen ist über der Auszugsbohrung in der Fixierplatte (3) nach oben hin frei zugänglich. Eine Sicherungsmutter (1) befestigt im Nachgang den Schweißbolzen zusätzlich mit einer Abdeckplatte (2).

4.6.3 Validierung der Bolzen-Kopfzugversuche

Einfluss der Bolzenschweißung

Für die Validierung der Prüfmethodik war zuerst der Nachweis notwendig, dass kein Einfluss durch das Bolzenschweißen auf die Fügepartner und dem Stanzelement auftritt. Dazu wurden Temperaturmessungen mittels NiCr/Cr-Thermoelementen am mit anschließender mikroskopischer Untersuchung der Verbindungszone zwischen Bolzen und Stanzelement durchgeführt. Die Thermoelemente vom Typ K der Fa. Sensycon besaßen eine Querschnittsfläche von 0,5 mm². Der messbare Temperaturbereich kann -180 bis 1300 °C betragen. Die Fixierung der Elemente erfolgte mittels Widerstandsschweißen mit dem Feinpunktgerät FP 2000 mini der Fa. Thermoprozess Wärmebehandlung GmbH.

Die Versuchsdaten wurden mit dem System NI CompactDAQ, dem Messmodul NI 9213 und der Software NI LabVIEW SignalExpress der Fa. National Instruments erfasst. Die Fixierung der Thermoelemente erfolgte mittig auf den Schließkopf. Die Abbildung 24 zeigt einen ausgewählten Temperaturverlauf der Bolzenschweißung.

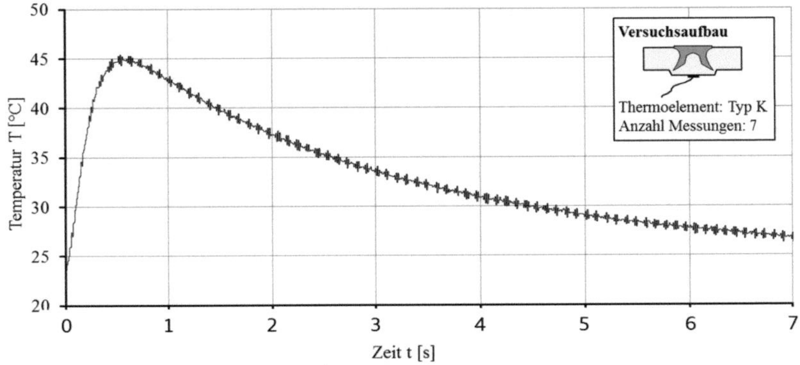

Abbildung 24: Repräsentative Temperaturmessung während des Bolzenschweißens

Die Maximaltemperatur unterhalb des Schließkopfes beträgt durchschnittlich 45 °C. Die Verbindungszone im Kopfbereich des Stanzelements zeigt eine stoffschlüssige Anbindung mit einigen Hohlräumen (Abbildung 25). Die Eindringtiefe der Wärmeeinflusszone beträgt in den oberen Elementkopf bis zu 100 µm und im Bolzen bis zu 50 µm. Eine geringfügige Änderung der Kornstruktur kann bis zum Bolzenschaft nachgewiesen werden. Im Element selbst ist ausgenommen von der Wärmeeinflusszone keine weitere Beeinflussung ersichtlich. Mithilfe der Makroschliffbilder wurden die geometrischen Kennwerte der Stanzelementverbindung ermittelt. Der Vergleich vor und nach dem Bolzenschweißen zeigt hinsichtlich des Hinterschnitts sowie Restbodendicke keine signifikanten Auffälligkeiten. Allein die Kopfhöhe wies bei den jeweils sieben vermessenen Proben eine geringfügige Reduzierung von durchschnittlich 100 µm auf.

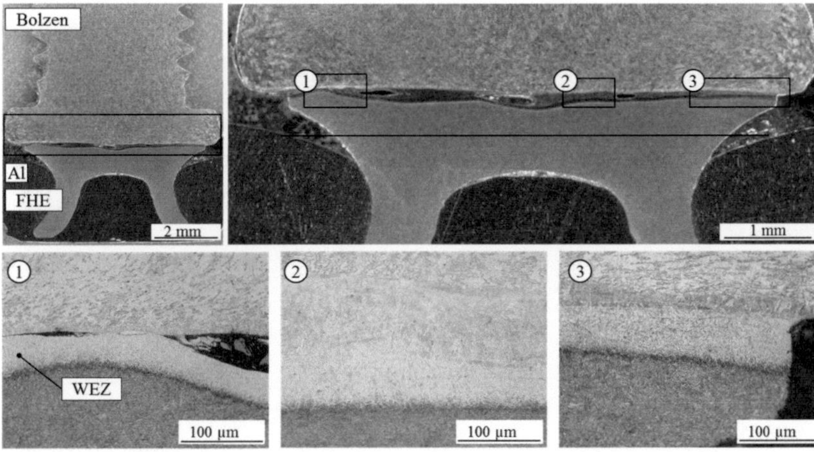

Abbildung 25: Repräsentativer Makroschliff einer Bolzen-Schweißung nach dem Primärprozess

Prüfvorrichtung: Auswahl Durchmesser der Auszugsbohrung

Die Fixierplatte wirkt während der Bolzen-Kopfzugversuche als Gegenhalter auf das Aluminiumsubstrat. Dennoch lässt sich abhängig von der Größe des Bohrungsdurchmessers das Substrat verformen (Abbildung 26). Ein Einfluss auf die Verbindungsfestigkeit muss somit untersucht werden. Dafür wurden die Durchmesser 10, 20 und 30 mm für die Kopfzugversuche gegenübergestellt.

Die Abbildung 27 zeigt den Einfluss der verschiedenen Durchmesser auf den Kraft-Weg-Verlauf. Bei dem kleinsten Lochdurchmesser von 10 mm wird das höchste Kraftmaximum von 4,1 kN gemessen. Anschließend nimmt der Kurvenverlauf ab, bis die Proben letztendlich versagen. Die Kraft-Weg-Kurven des Auszugsdurchmessers d_1 zeigen im Vergleich zu den anderen Verläufen die größten Abweichungen untereinander auf. Bei Verwendung größerer Durchmesser nimmt die Beulung der Bleche und damit auch der Verformungsweg zu (Abbildung 28, A). Die Maximalkräfte werden erst unmittelbar vor dem Versagen der Proben erreicht. Die zunehmende Blechdeformation führt zur Überlagerung der Kopf- mit einer Schälzugbelastung. Demnach ist für weitere Festigkeitsversuche ein möglichst kleiner Durchmesser anzustreben.

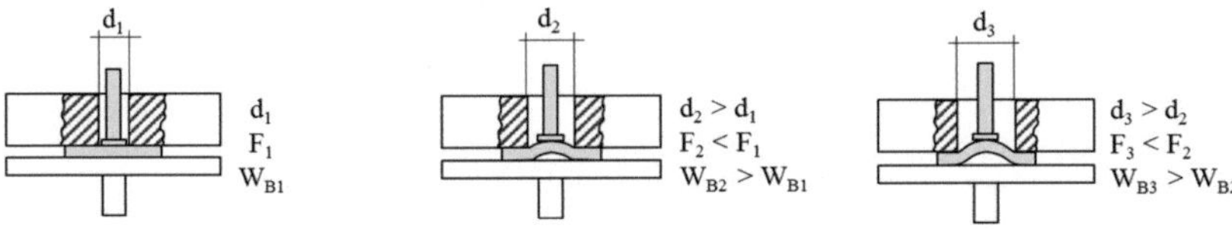

Abbildung 26: Schematische Darstellung des Auszugsverhaltens der Probenbleche in Abhängigkeit des Auszugsdurchmessers d_1, d_2 und d_3

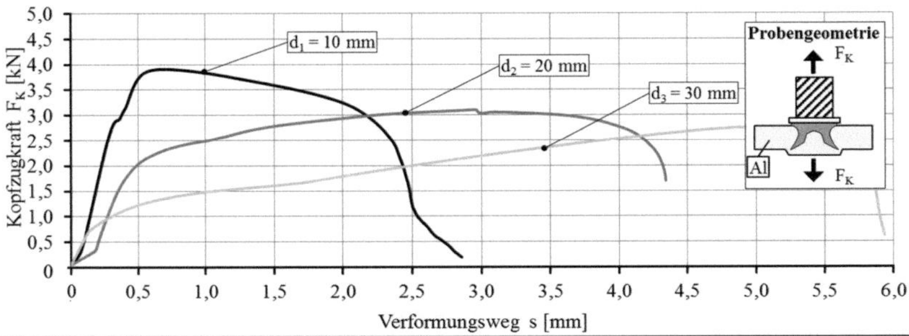

Werkstoffe	Setzparameter	Prüfmethode
Aluminium EN AW-6016 (T4),	x_K = 0,3 mm	Bolzen-Kopfzugversuche
t = 2,0 mm	Matrize M70-05	Auszugsdurchmesser: d_1, d_2, d_3
Stanzelement 35B2+Zn-Sn-Al-OFL	**Schweißparameter**	Prüfgeschwindigkeit: 10 mm/min
	F_E = 3,2 kN / I_S = 5,5 kA / t_S = 200 ms	Einpunktprobe
		Probenanzahl: je 5

Abbildung 27: Vergleich repräsentativer Kraft-Weg-Kurven nach dem Primärprozess bei einem Auszugsdurchmesser von 10, 20 und 30 mm

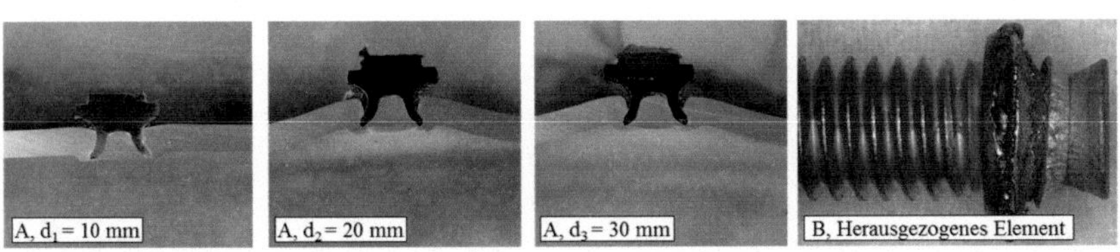

Abbildung 28: Versuchsproben nach einem unterbrochenen Bolzen-Kopfzugversuch (A) bei unterschiedlichen Auszugsdurchmessern und (B) vollständigen Herausziehen aus dem Aluminiumsubstrat

Einfluss der Probenmaße

Um die Vergleichbarkeit der Verbindung vor und nach dem Schweißprozess zu gewährleisten, mussten zudem die geschweißten Versuchsproben mit der gleichen Vorrichtung bzw. Bohrungsdurchmesser prüfbar sein (siehe Abbildung 23, rechts). Voraussetzung war somit die Abmessung der Stahlproben auf ein möglichst kleines Maß zu beschränken aber zugleich ein Schweißen der Proben zu gewährleisten. Um den Einfluss eines Wärmestaus aufgrund des geringen Werkstoffvolumens auszuschließen, erfolgten im nächsten Schritt Temperaturmessungen an quadratischen Aluminium- und Stahlproben. Für die Validierung wurden die jeweiligen Maße der Stahlbleche so gewählt, dass mögliche Skalierungseffekte mit betrachtet werden konnten. Die Probenabmessung des Aluminiumsubstrats von 30 mm x 30 mm blieb in der gesamten Versuchsreihe konstant. Die Probenmaße sind in Tabelle 13 zusammengefasst.

Tabelle 13: Probenmaße für die Temperaturmessung

VR	Substrat	Maße [mm]	Messung Temperatur	Messung Kopfzugkraft
-	Aluminium	30 x 30	ja	nein
1	Stahl	7 x 7	nein	ja
2		10 x 10	ja	ja
3		20 x 20	ja	ja
4		30 x 30	ja	nein

In der Untersuchung erfolgte eine Temperaturerfassung an beiden Versuchsmaterialien bei einer Entfernung von 5 mm zum Fügezentrum. An den Stahlproben mit einer Abmessung von 7 mm x 7 mm waren keine Messungen möglich, da sich ein direkter Kontakt zwischen Thermoelement und Elektrodenkappe nicht vermeiden ließ. Alle anderen Temperatur-Zeit-Verläufe vom Aluminiumsubstrat (unten) und Stahlblech (oben) sind in Abbildung 29 wiedergegeben. Die Temperaturmessungen an der Stahloberfläche ergeben bei Verwendung der Probengröße 10 mm x 10 mm eine Maximaltemperatur von 221 °C. Gegenüber den restlichen Probengeometrien mit ca. 158 °C (20 mm x 20 mm) und 116 °C (30 mm x 30 mm) deutet der Temperaturanstieg auf einen Wärmestau hin.

Insgesamt reicht dieser aber nicht aus, um die Temperaturen von ca. 143 °C an der Aluminiumoberfläche zu beeinflussen. Mithilfe der Bolzen-Kopfzugprüfung wurde zudem ein Festigkeitsvergleich nach dem Schweißen der unterschiedlichen Stahlblechgrößen durchgeführt. Voraussetzung für die Untersuchung war ein gleichbleibender Auszugsdurchmesser. Da die größten Stahlproben eine Abmessung von 20 x 20 mm aufweisen, wurde der größte Durchmesser mit 30 mm verwendet. Die Kopfzugfestigkeiten sind in der Abbildung 30 gegenübergestellt. Die Kopfzugversuche zeigen nur einen geringen Einfluss der unterschiedlichen Stahlproben auf die Verbindungsfestigkeit. Die Kopfzugkräfte liegen auf einem vergleichbaren Niveau von durchschnittlich 2,4±0,1 kN. Die Bruchenergien steigen geringfügig mit zunehmender Probengröße von ca. 10,0±0,09 J bis auf 10,8±0,03 J an.

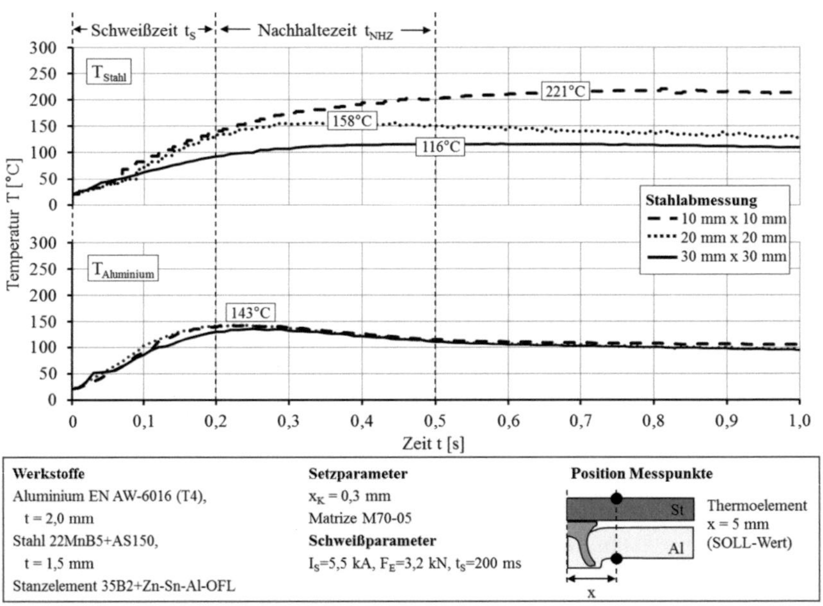

Abbildung 29: Temperaturmessungen auf der Aluminium- (unten) und Stahloberfläche (oben) bei einem Abstand von 5 mm vom Fügezentrum

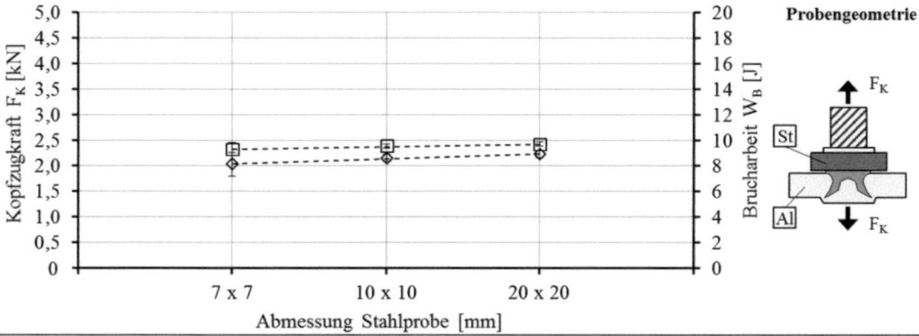

Werkstoffe	Setzparameter	Prüfmethode	Legende
Aluminium EN AW-6016 (T4),	x_K = 0,3 mm	Bolzen-Kopfzugversuche	I Standardabw. s
t = 2,0 mm	Matrize M70-05	Auszugsdurchmesser: d_3 = 30 mm	□ Kopfzugkraft
Stahl 22MnB5+AS150,	**Schweißparameter**	Prüfgeschwindigkeit: 10 mm/min	◇ Brucharbeit
t = 1,5 mm	F_E = 3,2 kN, I_S = 5,5 kA,	Einpunktprobe	
Stanzelement 35B2+Zn-Sn-Al-OFL	t_S = 200 ms	Probenanzahl: je 7	

Abbildung 30: Bolzen-Kopfzugfestigkeiten in Abhängigkeit der Stahlprobengeometrie bei einem Auszugsdurchmesser von 30 mm

Zusammenfassung der Validierung

Die Validierung der einzelnen Einflussgrößen führte zum Nachweis, dass die stoffschlüssige Anbindung eines Bolzens keine nennenswerte mechanische oder thermische Beeinträchtigung der Verbindungsfestigkeit nach sich zieht. Insgesamt führt der Bolzenschweißprozess lediglich zu einer geringfügigen metallurgischen Veränderung im Stanzelementkopf in Form einer Wärmeeinflusszone. Durch die Variation des Auszugsdurchmessers kann die Kurvencharakteristik in den Kopfzugversuchen verändert werden. Mit Vergrößerung des Durchmessers nimmt die Beulung des Aluminiumbleches zu, was zu einer zunehmenden Überlagerung der Kopf- mit einer Schälzugbelastung führt. Deshalb ist für weitere Untersuchungen ein kleiner Auszugsdurchmesser anzustreben. Die Stahlproben mit einer Abmessung von 7 mm x 7 mm sind aufgrund der schlechteren Schweißeignung und fehlenden Temperaturmessung für die Bolzen-Kopfzugprüfung nicht geeignet. Schlussfolgernd werden die Stahlbleche mit der Abmessung 10 mm x 10 mm sowie der Auszugsdurchmesser d_2 mit 20 mm für die Kopfzugprüfung in dieser Arbeit verwendet.

4.7 Fügeprozessanalyse zum Punktschweißprozess mithilfe der FEM-Simulation

Der Aufbau des FEM-Modells erfolgte rotationssymmetrisch und zweidimensional. Für das Simulationsmodell mussten die Kontaktschichten, Beschichtungen, Werkstoffe und die Geometrien berücksichtigt werden. Der Aufbau des FEM-Modells ist in Abbildung 31 dargestellt. In der Software werden Letztere über die Festlegung von Punkten (x, y) und Radien (r) definiert. Infolgedessen wurden mithilfe der CAD-Software zweidimensionale Geometrien vom Stanzelement und Aluminiumsubstrat aus Makroschliffen aufgebaut und die Daten über ein Textdokument ausgelesen. Anschließend konnte die Datei in die Simulationssoftware geladen werden.

Die Kontaktschichten stellten die Beziehungen der Übergangswiderstände her. Durch eine Faktorisierung zwischen 0,1 und 10 konnten diese angepasst werden. Mithilfe der Datenbank der Simulationssoftware [SOR15] erfolgte die Zuordnung der Materialkennwerte sowie der notwendigen thermischen Randbedingungen. Tabelle 14 enthält eine Übersicht der für die Simulation zugewiesenen Eigenschaften.

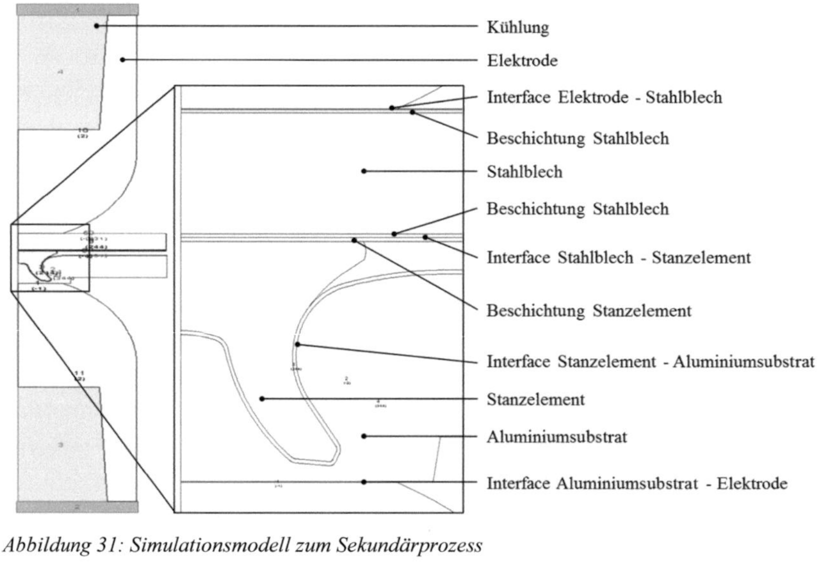

Abbildung 31: Simulationsmodell zum Sekundärprozess

Die verwendeten Fließspannungen, Wärmeleitfähigkeiten und Wärmekapazitäten in Abhängigkeit der Temperatur sind in Abbildung 32, Abbildung 33 und Abbildung 34 dargestellt. Die Tabelle 15 zeigt eine Übersicht weiterer Materialkennwerte aus der Datenbank der Simulationssoftware, die für das Modell verwendet wurden [SOR15].

Tabelle 14: Zuordnung der Oberflächen zur FEM-Simulation

Fügepartner	Experiment		Simulation	
	Werkstoff	Beschichtung	Werkstoff	Beschichtung
Aluminium	EN AW-6016	Alodine 2010	EN AW-6016	-
Stahl	22MnB5	AS150	22MnB5	AS10
Stanzelement	35B2	Al-Sn-Zn	35B2	Ecokote-S

Tabelle 15: Übersicht der Materialkennwerte Dichte, E-Modul und Latente Wärme der einzelnen Fügepartner aus der Simulationsdatenbank

Fügepartner	Wärmeausdehnungskoeffizient α $[10^{-6} \cdot K^{-1}]$	Dichte ρ $[Kg/m^3]$	E-Modul E $[kN/mm^2]$	Latente Wärme Q_L [KJ/Kg]
Aluminium	23,8	2.700	69.000	400
Stahl	15,0	7.900	200.000	277
Stanzelement	15,0	7.900	200.000	277

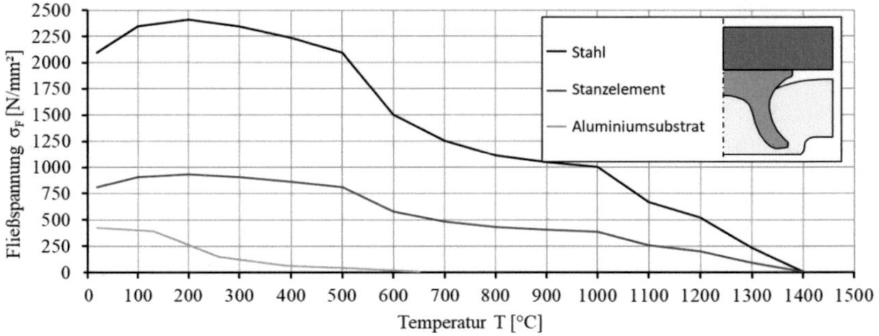

Abbildung 32: Darstellung der Fließspannungen in Abhängigkeit der Temperatur

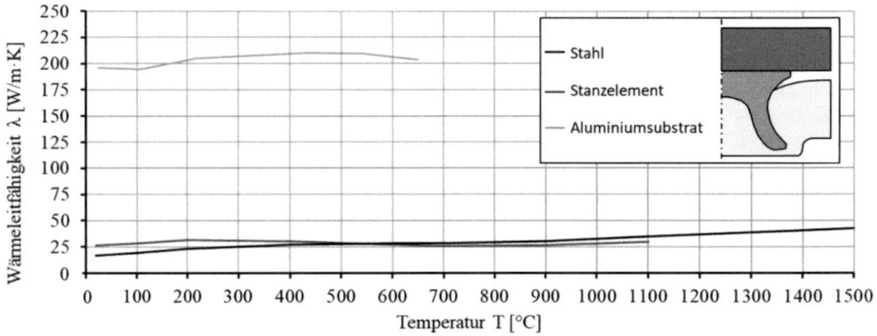

Abbildung 33: Darstellung der Wärmeleitfähigkeiten in Abhängigkeit der Temperatur

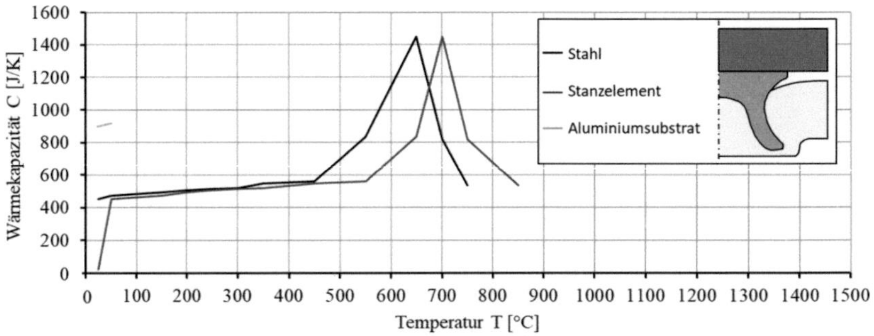

Abbildung 34: Darstellung der Wärmekapazitäten in Abhängigkeit der Temperatur

Ebenfalls erfolgte die Festlegung der Schweißeinstellungen und Auswahl der Elektrodenkappen. Die Kraft- oder Geschwindigkeitssteuerung der Elektroden sowie die Stromart und –form wurden nach den experimentellen Gegebenheiten eingestellt. Die Vernetzung des FEM-Modells erfolgte mithilfe von Vierecken und die Bestimmung der Netzdichtepunkte mit Wertigkeiten. Zum Prozessverständnis sind die einzelnen Prozessmerkmale in Abbildung 35 beschrieben.

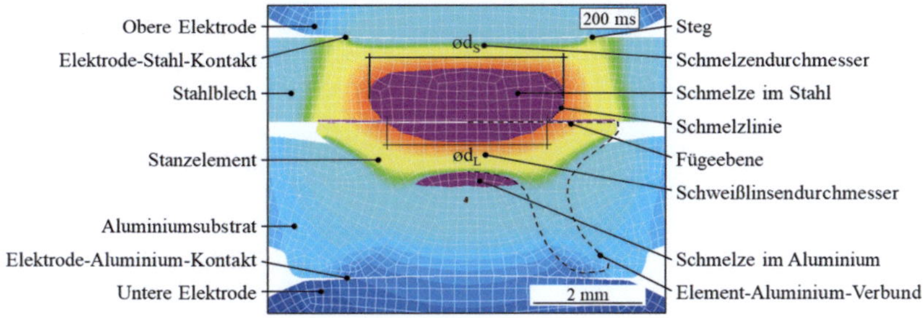

Abbildung 35: Beschreibung der Prozessmerkmale

5 Ergebnisse und Auswertungen

5.1 Verbindungsausbildung beim Widerstandspunktschweißen mit Stanzelement

5.1.1 Stanzelementprozess

Die Elementeinbringung im Primärprozess erfolgt über die Einstellung des Stempelwegs s. Zur Bewertung der Verbindungsausbildung können die Kraft-Weg-Verläufe an der Setzanlage aufgezeichnet und dargestellt werden (Abbildung 36). Mit der Aufzeichnung ließen sich die charakteristischen Prozessphasen Schneiden, Spreizen und Stauchen ermitteln.

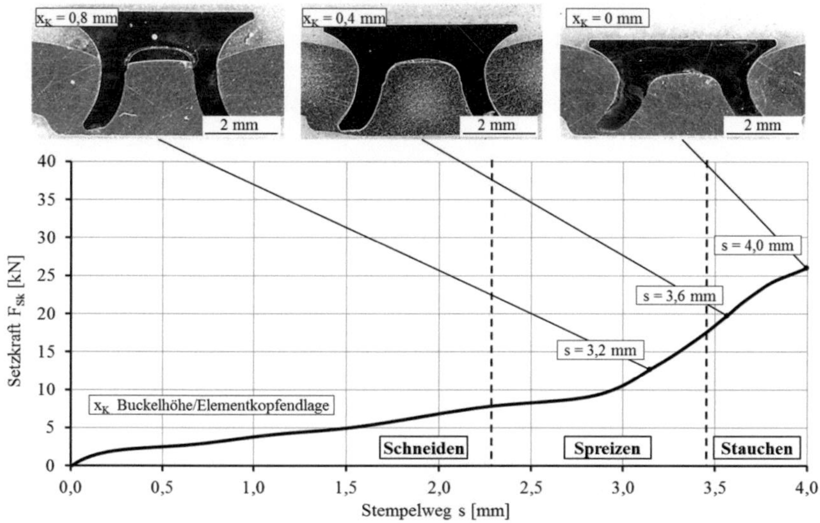

Abbildung 36: Kraft-Weg-Diagramm beim Einprägen des Stanzelements

Die Zunahme des Stempelwegs führt zum Anstieg der Setzkraft F_{Sk}. Mit Fortlauf der einzelnen Prozessphasen Schneiden, Spreizen und Stauchen wird das Stanzelement zunehmend umgeformt. In der Spreizphase ändert sich vorwiegend der Fußdurchmesser d_F und in der Stauchphase das Stauchmaß x_L. Weiterhin kann die Umformung über den Hinterschnitt u sowie der Restbodendicke x_R beschrieben werden. Die Lage des Stanzelements im Aluminiumsubstrat wird über die Buckelhöhe x_K genau definiert.

Ein Stempelweg von 3,6 mm entspricht einen Überstand des Elementkopfes von 0,4 mm. Sinkt die Buckelhöhe bis auf 0 mm, schließt der Elementkopf bündig mit dem Aluminiumsubstrat ab (Abbildung 36). Im Primärprozess sind mit abnehmendem Kopfüberstand eine Reduzierung des Stauchmaßes und eine Erhöhung des Fußdurchmessers sowie Hinterschnitts festzustellen. Das Stanzelement wird demzufolge mehr umgeformt.

Diese Gegebenheit ist ein wesentliches Merkmal für die Ausbildung des Kraft- und Formschlusses zwischen dem Stanzelement und Aluminiumsubstrat. In den Makroschliffen in Abbildung 36 ist bei einer Buckelhöhe von 0,8 mm ein Hohlraum unterhalb des Elementkopfes sichtbar. Dieser verringert sich mit zunehmendem Stempelweg. Bei einer Elementkopfendlage von 0,4 mm ist dieser Hohlraum ebenfalls feststellbar (Abbildung 36, x_K = 0,4 mm). Wird das Stanzelement noch tiefer in das Aluminiumsubstrat eingestanzt, liegt der untere Elementkopfbereich bündig auf das Substrat.

Im Stand der Technik wurde darauf hingewiesen, die Elementkopfendlage auf den Primär- und Sekundärprozess abzustimmen. Für Buckelschweißungen wird bei einer Blechdicke von 2,0 mm eine Buckelhöhe von 1,0 mm empfohlen (Kap. 2.3.2). Demgegenüber ist ab einer Elementkopfendlage von 0,4 mm eine Hohlraumbildung unterhalb des Elementkopfes festzustellen. Um deren Einfluss auf den Schweißprozess auszuschließen, wird für die nachfolgenden Schweißuntersuchungen eine Buckelhöhe von 0,3 mm gewählt (Abbildung 37).

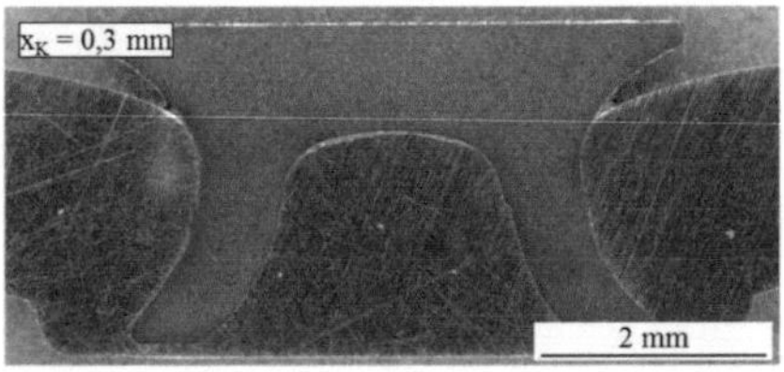

Abbildung 37: Repräsentativer Makroschliff nach dem Primärprozess bei einer Buckelhöhe von 0,3 mm

5.1.2 Schweißbereichsdiagramme

Die Ermittlung der Schweißbereichsgrenzen nach DIN EN ISO 14327 diente als Grundlage für die Untersuchungen zur Schweißlinsenbildung und deren Auswirkungen auf die Gesamtverbindung. Die Schweißzeit variierte während der Untersuchung von 100 bis 1000 ms. Mithilfe der Abrollprüfung wurde die untere Schweißbereichsgrenze I_{min} nach den Kriterien aus Kap. 4.5.2 bestimmt. Die obere Stromstärke I_{max} kennzeichnete die Spritzergrenze. Über je drei Makroschliffbilder wurde anschließend der durchschnittliche Linsendurchmesser ermittelt. In Abbildung 38 ist das Schweißstrom-Zeit-Bereichsdiagramm bei einer Elektrodenkraft von 3,2 kN dargestellt.

Das Schweißstrom-Zeit-Bereichsdiagramm zeigt einen großen Fügebereich für das Widerstandspunktschweißen mit Stanzelement bei der ausgewählten Materialkombination. Es kann festgestellt werden, dass vorwiegend die Stromstärke, wie in Formel 1 beschrieben, zur Vergrößerung der Schweißlinsenbildung beiträgt. An der unteren Schweißbereichsgrenze beträgt der Linsendurchmesser über alle Schweißzeiten hinweg durchschnittlich 3,1 mm.

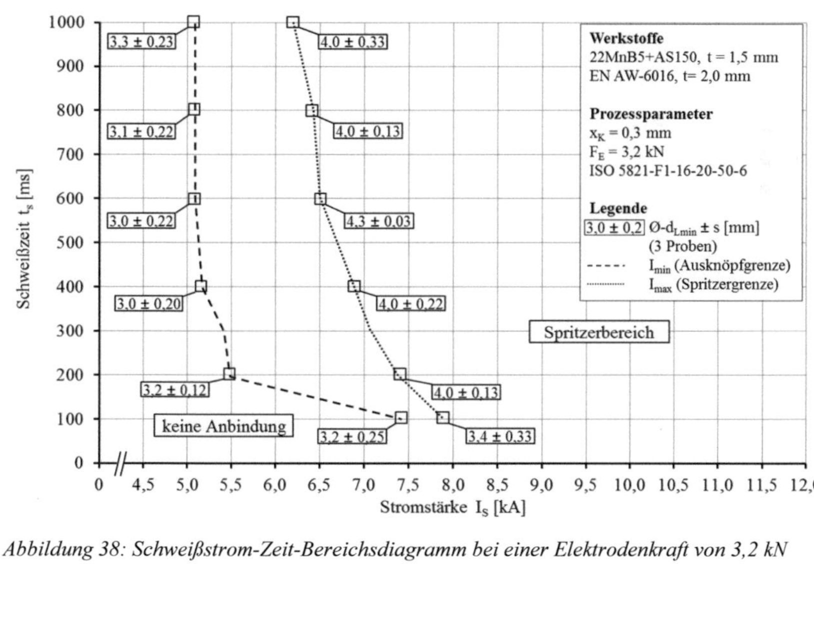

Abbildung 38: Schweißstrom-Zeit-Bereichsdiagramm bei einer Elektrodenkraft von 3,2 kN

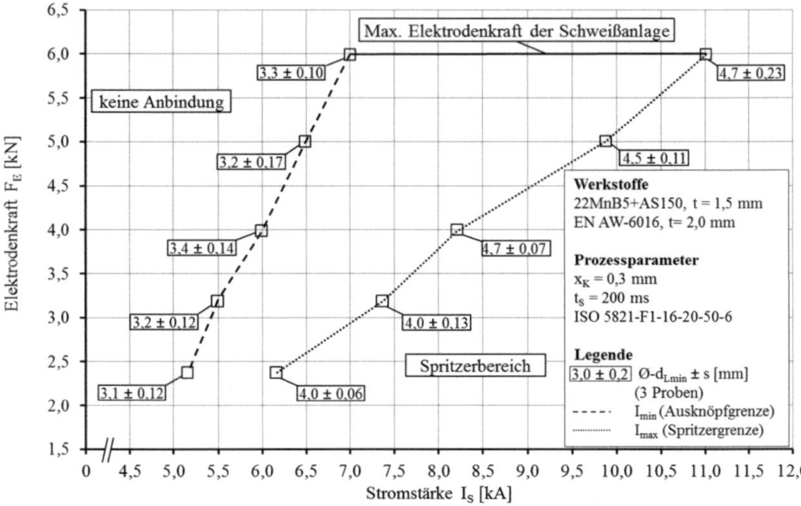

Abbildung 39: Schweißstrom-Kraft-Bereichsdiagramm bei einer Schweißzeit von 200 ms

Nach Formel 1 nimmt die Wärmemenge mit zunehmender Zeit zu, weshalb die Stromstärke geringfügig gesenkt werden kann. Erreicht die Schweißlinse einen Durchmesser in der Fügeebene über 4,0 mm, steigt die Wahrscheinlichkeit von Materialverdrängungen in Form von Spritzern. Mit längerer Schweißzeit wird dieser Wert bei geringeren Stromstärken erreicht, sodass die Spritzergrenze demzufolge früher eintritt. Ein linearer Zusammenhang zwischen beiden Parametern ist nicht festzustellen. Die gemittelte Standardabweichung des Linsendurchmessers an der unteren Schweißbereichsgrenze beträgt 0,19 mm und an der oberen 0,2 mm. Bei 200 ms wird das größte Prozessfenster mit einer Stromstärkedifferenz von 1,9 kA erreicht. Bei einer Schweißzeit von 100 ms hingegen sind zur Erzeugung eines Linsendurchmessers über 3,0 mm hohe Stromstärken notwendig. Infolgedessen reduziert sich der mögliche Schweißbereich auf 0,5 kA.

Als weiteres Bereichsdiagramm wurde die Elektrodenkraft in Abhängigkeit von der Stromstärke variiert (Abbildung 39). Die Betrachtung erfolgte aufgrund des großen Prozessfensters im Schweißstrom-Zeit-Bereichsdiagramm bei einer Schweißzeit von 200 ms.

Die schrittweise Erhöhung der Elektrodenkraft ergab insgesamt ein Kraftbereich von 2,4 bis 6,0 kN. Aus der Abbildung 39 ist eine Vergrößerung des Parameterfeldes mit zunehmender Elektrodenkraft zu entnehmen. Die dazugehörigen physikalischen Vorgänge sind anhand der Formel 1 in Kap. 2.3.3 sowie Kap. 2.3.4 beschrieben und können wie folgt zusammengefasst werden. Eine Erhöhung der Elektrodenkräfte führt zum einen zur Glättung der Oberflächenrauheiten, wodurch sich der Übergangswiderstand verringert.

Zum anderen vergrößert sich der Kontaktkreisdurchmesser zwischen Elektrode und Blech sowie auch in der Fügeebene. Aufgrund der nun vorliegenden größeren Berührungsfläche vermindert sich die lokale Stromdichte bei gleicher Stromstärke und der Schweißlinsendurchmesser nimmt ab. Zu sehen ist dies in Abbildung 39. Bei einer Elektrodenkraft von 2,4 kN und Stromstärke von 6,2 kA konnte ein Durchmesser von durchschnittlich 4,0 mm gemessen werden. Im Vergleich dazu liegt dieser bei einer Kraft von 5,0 kN zwischen 3,2 und 3,4 mm. Um nun die gleiche lokale Schweißwärme für die Schweißlinsenbildung zu erzeugen, muss nach Formel 1 die Stromstärke erhöht werden. Infolgedessen verschiebt sich die untere Schweißbereichsgrenze mit zunehmenden Elektrodenkräften.

Darüber hinaus wirkt eine höhere Elektrodenkraft der Volumenzunahme beim Aufschmelzen der Fügepartner entgegen. Die Folge ist ein größeres erreichbares Schmelzvolumen, bis es schließlich zu einem Materialauswurf kommt. Infolgedessen verschiebt sich die obere Schweißbereichsgrenze ebenfalls zu höheren Stromstärken. Aufgrund der beschriebenen Vorgänge vergrößert sich insgesamt der Schweißstrombereich. Ab einer Kraft von 3,2 kN erreicht die Stromstärkedifferenz einen Wert über 1,9 kA. Darunterliegende Elektrodenkräfte führen zur Verkleinerung des Prozessfensters.

Bei Kräften über 4,0 kN kann in den Schweißversuchen eine stärkere Schließkopfverformung im Sekundärprozess festgestellt werden. Aus dem Stand der Technik ist zudem bekannt, dass höhere Elektrodenkräfte beim Punktschweißen zu einer stärkeren Belastung der Elektrodenkappen führen, welche ein Anlegieren von Material auf den Kappen begünstigt und damit die Elektrodenstandzeit reduziert. Zusammenfassend sind für die betrachtete Werkstoffkombination kurze Schweißzeiten von 200 bis 400 ms und Elektrodenkräfte von 3,2 bis 3,8 kN zu empfehlen.

5.1.3 Schweißlinsenbildung

Aus den Erkenntnissen zum Stanzelementprozess und der ermittelten Schweißbereichsdiagramme heraus wurde für die weiteren Untersuchungen eine Referenzverbindung festgelegt. Um einen Einfluss einer Hohlraumbildung auf den Schweißprozess auszuschließen, betrug die Buckelhöhe wie bei der Schweißbereichsermittlung 0,3 mm. Die Stromstärke mit 5,5 kA bei einer Schweißzeit von 200 ms und Elektrodenkraft von 3,2 kN stellten die Schweißparameter.

Nach Festlegung der Referenzverbindung erfolgte die Untersuchung der Schweißlinsenbildung. In der Abbildung 40 sind dazu Makroschliffe bei variierenden Schweißzeiten dargestellt. Zu Beginn des Schweißprozesses ist anhand der Wärmeeinflusszone ein starker Temperaturanstieg im Stahlblech erkennbar. Die hohen Temperaturen entstehen vorwiegend an der Kontaktebene Stahl-Elektrode sowie Stahl-Elementkopf (Abbildung 40, 50 ms). Mit zunehmender Schweißzeit wächst der Durchmesser der Wärmeeinflusszone. Die Schmelzenentstehung beginnt bei ca. 100 ms und ist anhand der zeitlich abgestuften Makroschliffe vorwiegend im Stahlblech lokalisierbar (A). Die Schmelze breitet sich mit bei längerer Schweißzeit in Richtung des Stanzelements aus. Die Wärmeeinflusszone weist bis zu diesem Zeitpunkt im Stahl eine zylindrische Form auf.

Im Fügehilfselement ist dagegen eher eine linsenförmige Ausbreitung zu beobachten. Die Temperaturerhöhung in Kombination mit der Elektrodenkraft führt im Schweißprozess ab einer Schweißzeit von ca. 100 ms zu Deformationen und Rissen im Stanzelement sowie im darunterliegenden Substrat (Abbildung 40, B). Zusätzlich können Poren nach der Erstarrung im Zentrum der Schweißlinse festgestellt werden (C). Ab einer Schweißzeit von 125 ms erreicht die Schweißlinse einen Durchmesser von ca. 2,3 mm, welcher in den letzten 75 ms bis zu 3,2 mm anwächst (Abbildung 40, 200 ms). Das Linsenwachstum der Referenzverbindung in Abhängigkeit der Schweißzeit ist in Abbildung 41 dargestellt.

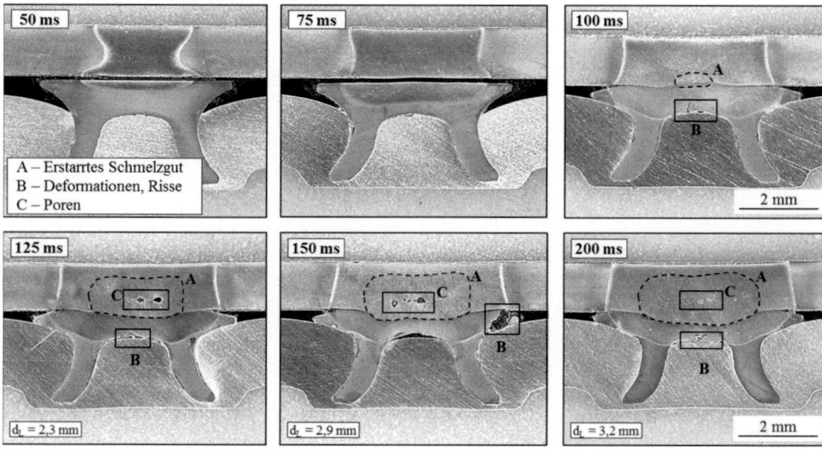

Abbildung 40: Schweißlinsenbildung von repräsentativen Aluminium-Stahl-Verbindungen bei Änderung der Schweißzeit von 50 bis 200 ms bei 5,5 kA und 3,2 kN (Referenz)

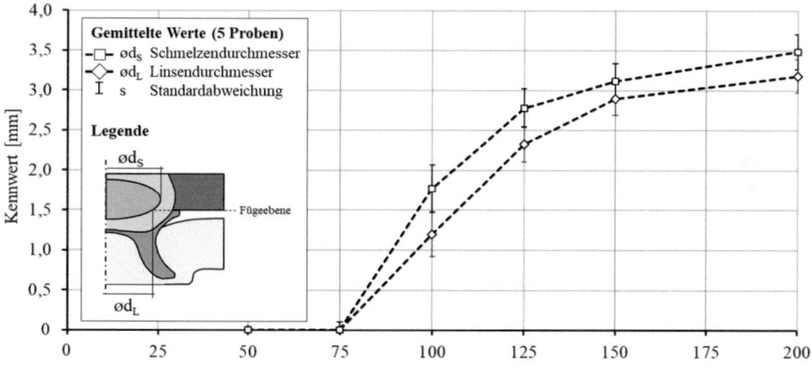

Abbildung 41: Schweißlinsenwachstum in Abhängigkeit der Schweißzeit bei einer Stromstärke von 5,5 kA und Elektrodenkraft von 3,2 kN

Um ein besseres Verständnis zur Schmelzenentstehung und Schweißlinsenbildung zu bekommen, wurde zusätzlich eine Fügeprozessanalyse mittels FEM-Simulation durchgeführt. Die Validierung erfolgte durch Messung der Oberflächentemperaturen auf dem Aluminiumsubstrat sowie Stahlblech (Abbildung 42) mittels Thermoelemente analog Kap. 4.6.3. Die Temperaturmessung erfolgte in einem Abstand von 5 mm vom Fügezentrum (T_{Exp}). In der Simulation wurde zusätzlich die Temperatur T_{Sim} bei einer Entfernung von 5,5 mm aufgezeichnet, um so den Toleranz- bzw. Schwankungsbereich darzustellen.

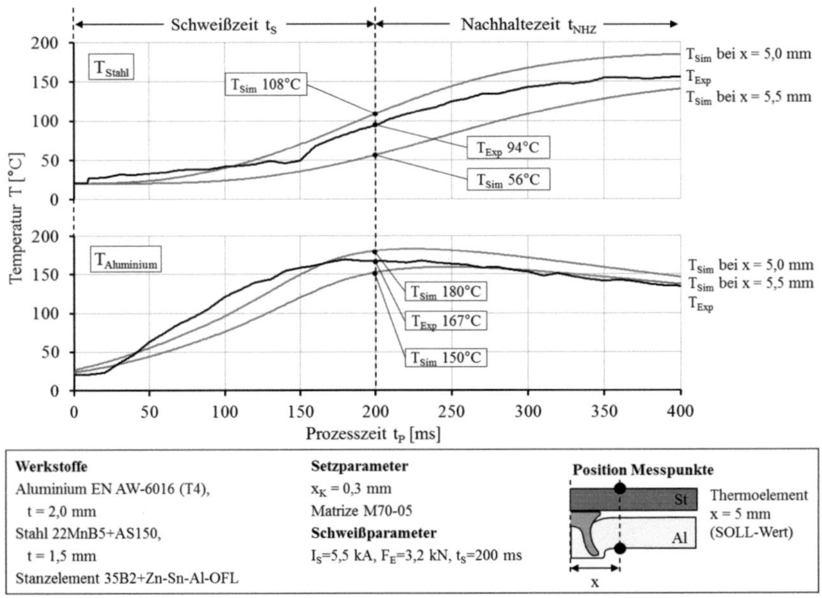

Abbildung 42: Temperaturmessung (repräsentativ) auf der Aluminium- (unten) und Stahloberfläche (oben) bei einem Abstand von 5 mm vom Schweißlinsenzentrum (Experiment T_{Exp} und Simulation T_{Sim})

Die Abbildung 42 zeigt, dass die experimentell ermittelten Temperaturverläufe innerhalb des Temperaturbereichs der Simulation liegen. Die Maximaltemperaturen auf der Stahloberfläche liegen nach Angaben der FEM-Simulation am Ende der Schweißzeit von 200 ms zwischen 56 und 108 °C. Mithilfe der Thermoelemente konnten zu diesem Zeitpunkt 94 °C ermittelt werden.

Auf der Aluminiumoberfläche betrugen die simulierten Temperaturen bei gleicher Schweißzeit zwischen 150 °C (x = 5 mm) und 180 °C (x = 5,5 mm). Im Experiment erreichten diese 167 °C. Die Kurvenverläufe zeigten während der Schweiß- sowie Nachhaltezeit für beide Werkstoffoberflächen eine gute Übereinstimmung zwischen der FEM-Simulation und der Temperaturmessung mittels Thermoelements. Zusammenfassend konnte eine durchschnittliche Abweichung auf dem Stahlblech von ± 25 °C und auf dem Aluminiumsubstrat von ± 15 °C ermittelt werden.

Nach der Validierung erfolgte die Betrachtung der Schweißlinsenbildung mithilfe der FEM-Simulation. In Abbildung 43 ist die Schmelzenentstehung und Linsenbildung in Abhängigkeit zeitlich sequenzieller Temperaturfelder dargestellt. Bei einer Schweißzeit von 50 ms kommt es zu einem Temperaturanstieg im oberen Bereich des Stahlblechs. Die nierenförmige Wärmeausbreitung entwickelt sich ausgehend vom Elektrodenkappenrand in Richtung Blechmitte. In diesem Zusammenhang steigt die Temperatur im Kopfbereich des Stanzelements ebenfalls an. Die Isothermen erstrecken sich dabei parallel zum Aluminiumsubstrat. Die hohe Wärmeleitfähigkeit des Werkstoffs führt zu einem Temperaturabfall im Substrat selbst und im Stanzelement, sodass vorwiegend der Elementkopf erwärmt wird. Ab einer Schweißzeit von 75 ms beginnt die Elementbeschichtung aufzuschmelzen (Abbildung 44). Zu diesem Zeitpunkt sind ebenfalls Bereiche mit erhöhten Temperaturen im Einlaufradius am Elementkopf zu beobachten, die sich zum Aluminiumsubstrat hin ausrichten.

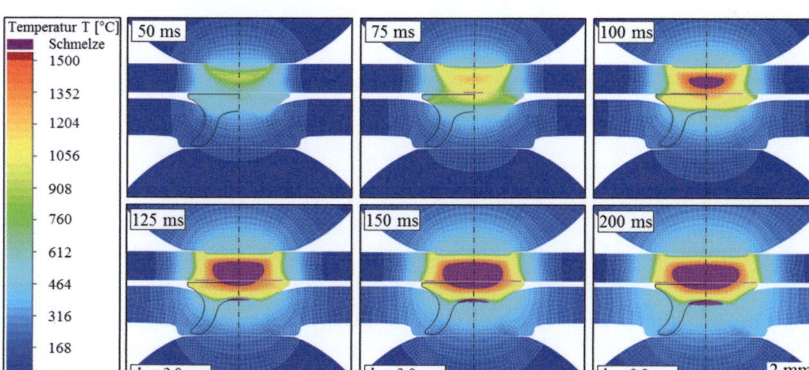

Abbildung 43: Temperaturfelder einer Aluminium-Stahl-Verbindung zur Linsenentstehung in Abhängigkeit der Schweißzeit von 50 bis 200 ms (Simulation)

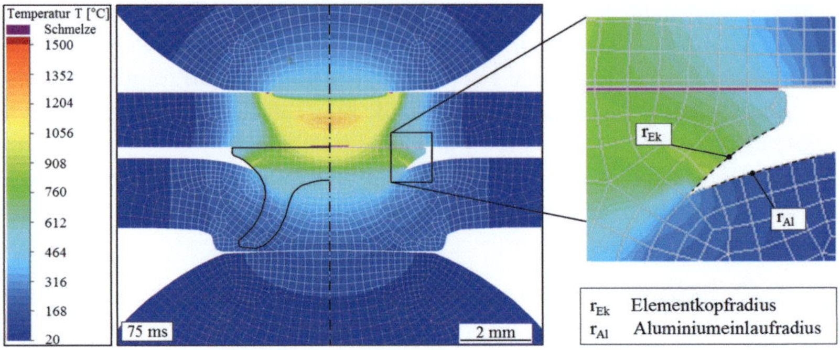

Abbildung 44: Ringförmige Berührungslinie zwischen Elementkopf- und Aluminiumeinlaufradius bei einer Schweißzeit von 75 ms (Simulation)

Die Berührungsfläche zwischen den Elementkopfradius r_{Ek} und Aluminiumeinlaufradius r_{Al} erzeugt dabei eine Stromkonzentration bzw. Stromengegebiet, die einen Temperaturanstieg zur Folge hat. Im Schliff ist dies über den Einzug der Wärmeeinflusszone im äußeren Bereich des Elementkopfes sichtbar (Abbildung 46). Die Temperaturfelder in Abbildung 43 zeigen eine gute Übereinstimmung der Linsenentwicklung in der FEM-Simulation und den Makroschliffen in Abbildung 40. Bei einer Schweißzeit von 100 ms ist in der Prozesssimulation eine Schmelze im Stahlblech zu sehen. Die Aufschmelzung erreicht unmittelbar danach den Elementkopf. In der restlichen Schweißzeit bis 200 ms ist überwiegend eine Zunahme des Linsendurchmessers auf 3,2 mm in der Fügeebene zwischen dem Stanzelement und dem Stahlblech zu beobachten. Die simulierte Linseneindringtiefe im Elementkopf beträgt nach dem Schweißen ca. 0,4 mm.

Ab Beginn der Schmelzenbildung nimmt die Buckelhöhe in der FEM-Simulation um ca. 0,1 mm bis zum Ende des Schweißprozesses ab (Abbildung 43, 100 ms). In den Makroschliffen ist zu diesem Zeitpunkt eine Deformation des Elementkopfes zu erkennen (Abbildung 40, 100 ms). Zum einen vergrößert sich der Elementkopfdurchmesser und zum anderen wird dieser zunehmend an das Aluminiumsubstrat gepresst. Darüber hinaus liegt eine diskontinuierliche Kontaktfläche zwischen dem Stahlblech und Elementkopf vor. Dieser Zusammenhang zeigt, dass die hohen Temperaturen in Kombination mit der Elektrodenkraft zu einer zusätzlichen Elementverformung führen.

Neben diesen Aspekt kann mithilfe der FEM-Simulation über Temperatur-Zeit-Verläufe (Abbildung 45) an drei ausgewählten Positionen ein weiterer Einfluss der Schweißlinsenbildung auf die Verbindung festgestellt werden. Durch das Linsenwachstum in der Fügeebene erhöht sich gleichzeitig die Temperatur über 550 °C des darunterliegenden Aluminiumsubstrats (Abbildung 45, Al Pos. 1).

Am Elementfuß sowie am Einlaufradius zwischen Elementkopf und Substrat erreichen die Temperaturen hingegen einen Wert von ca. 215 und 415 °C. Am Ende der Nachhaltezeit, am Punkt F_{E0} (Abbildung 45) öffnet sich die Schweißzange. Zu diesem Zeitpunkt fixieren die Elektrodenkappen die Fügepartner nicht mehr. Aufgrund der nun fehlenden Wärmeleitung über die Elektroden steigen die Temperaturen im Material geringfügig wieder an.

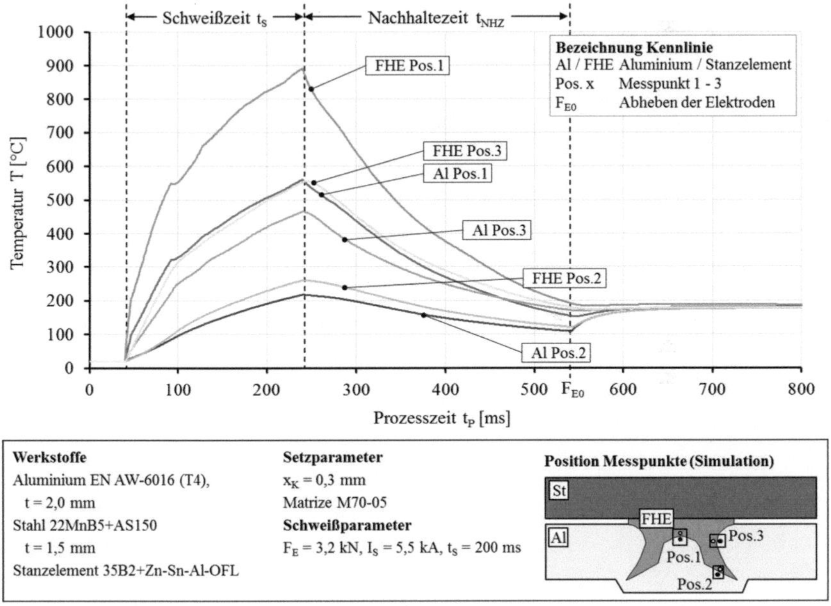

Abbildung 45: Temperatur-Zeit-Verläufe ausgewählter Positionen während des Sekundärprozesses (Simulation)

Der Temperaturanstieg im darunterliegenden Aluminiumsubstrat (Abbildung 45, Al Pos. 1) hat zur Folge, dass sich dort kurz darauf eine zweite Schmelze bildet. Diese wird in den simulierten Temperaturfeldern ab einer Schweißzeit von 125 ms sichtbar (Abbildung 43). In den Makroschliffen treten in diesen Bereich Deformationen sowie Risse auf (Abbildung 46, 100 und 200 ms).

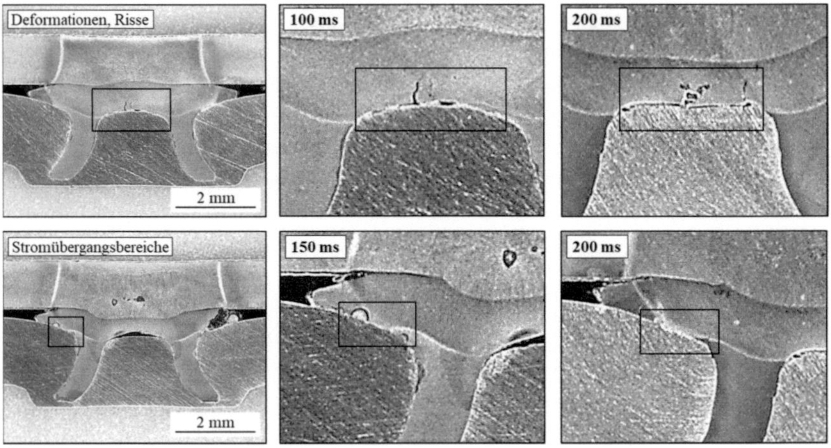

Abbildung 46: Deformationen und Stromübergangsbereiche einer repräsentativen Aluminium-Stahl-Verbindung bei Variation der Schweißzeit bei 5,5 kA und 3,2 kN (Referenz)

5.1.4 Auswirkung von Strompfad und Stromdichte auf die Schmelzenentstehung

Der aus der Simulation entnommene Stromdichteverlauf zeigt verschiedene Bereiche mit einer deutlich erhöhten Stromkonzentration (Abbildung 47). Aus dem Experiment ist bekannt, dass die Elektrodenkappen unter Krafteinwirkung im Schweißprozess zu einer lokalen Blechdeformation führen. In den Kontaktbereichen zwischen den Radieneinlauf der Elektrodenkappen und den jeweiligen Blechen kommt es dadurch zu einem hohen lokalen Engewiderstand, der eine Stromkonzentration hervorruft. Weiterhin wird am Kontaktübergang des Aluminiumeinlaufradius zum Elementkopf hin ebenfalls eine hohe Stromdichte erreicht.

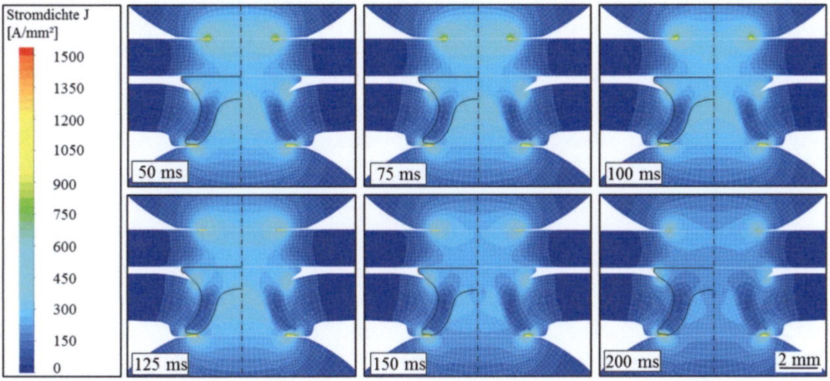

Abbildung 47: Stromdichte einer Aluminium-Stahl-Verbindung in Abhängigkeit der Schweißzeit bei 50, 125 und 200 ms (Simulation)

Ein weiterer Bereich mit einer erhöhten Stromkonzentration befindet sich im Aluminiumsubstrat zu Beginn des Schweißprozesses unterhalb des Elementkopfes (50 ms). Der Strompfad verläuft ausgehend von den Elektrodenkappen direkt durch die Fügepartner, dabei über das Stahlblech sowie in den Elementkopf, weiter über das Substrat und zurück zur Elektrode. Der Schaftbereich des Fügehilfselements bleibt weitestgehend stromfrei. Das Einsinken der Elektroden mit fortlaufender Schweißzeit beeinflusst aber die lokale Stromkonzentration innerhalb der Fügestelle.

Der Bereich erhöhter Stromkonzentration verlagert sich zunehmend außerhalb des Elementschafts und die ursprünglich identifizierte hohe Stromdichte nimmt ab. Ursache ist die Vergrößerung der Kontaktfläche sowie Verkürzung der Leiterlänge mit zunehmender Schweißzeit. In Folge der geometrischen Änderung kommt es deshalb insgesamt zu einer Reduzierung der Stromdichte innerhalb der Verbindung (Abbildung 47).

Ab einer Schweißzeit von 90 ms kommt es zur Schmelzenentstehung im Stahlblech (Abbildung 48, obere Reihe). Parallel dazu ist eine Stromdichtekonzentration im Bereich zwischen den beiden Elektrodeneinlaufradien und der sich bildenden Schweißlinse zu beobachten (Abbildung 48, untere Reihe). Eine weitere auftretende Stromkonzentrationsänderung ist bei einer Schweißzeit von 127 bis 131 ms zu beobachten (Abbildung 49). Aufgrund der vorliegenden Aluminiumschmelze unterhalb des Elementkopfes ändert sich der Strompfad.

Im Bereich der Schmelze reduziert sich die Stromdichte von 482 A/mm² bei 127 ms auf 376 A/mm². Zeitgleich steigt die Stromkonzentration am Berührungspunkt zwischen Elementkopf und dem Aluminiumsubstrat von 587 A/mm² bei 127 ms auf 935 A/mm² bei 128 ms. Infolgedessen kommt es zu einer zweiten lokalen Schmelzenbildung im Substrat (Abbildung 49, 128 ms). Die Entstehung der Schmelze führt wiederrum zu einer erneuten Änderung des Strompfades. Die lokale Stromdichte reduziert sich bis auf 432 A/mm². Damit einhergehend kommt es zum Temperaturabfall, der wenige Millisekunden später zur Erstarrung dieser Schmelze führt. Zusammenfassend kann mit diesen Ergebnissen nachgewiesen werden, dass die Erzeugung lokaler Stromkonzentrationen zu einer signifikanten Beeinflussung der Schmelzenentstehung in der Verbindung führt.

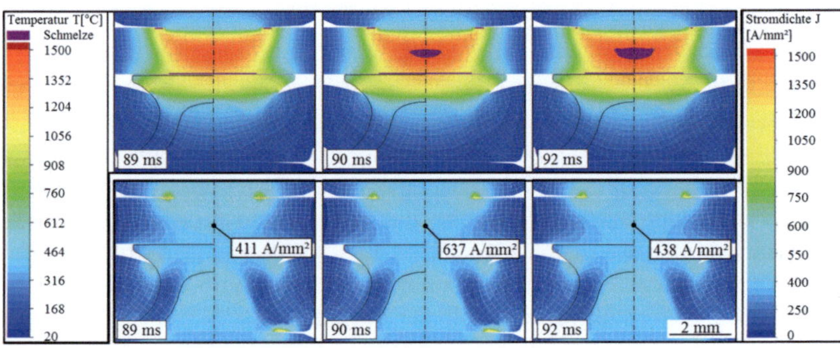

Abbildung 48: Temperaturfelder und Stromdichte zur Umverteilung des Strompfades einer Aluminium-Stahl-Verbindung von 89 bis 92 ms (Simulation)

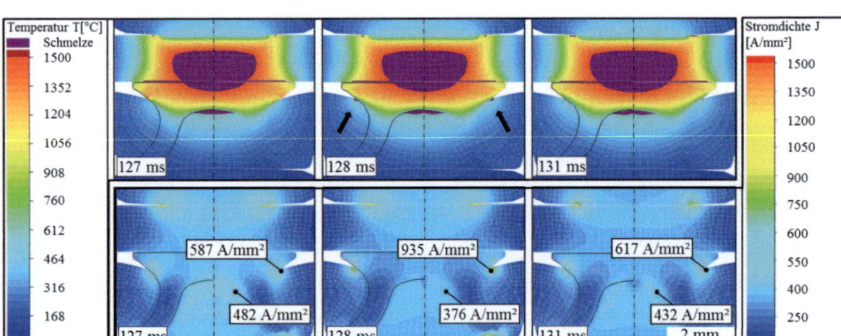

Abbildung 49: Temperaturfelder und Stromdichte zur Umverteilung des Strompfades einer Aluminium-Stahl-Verbindung von 89 bis 92 ms (Simulation)

5.1.5 Übertragung der Ergebnisse auf das Stromlinienmodell

Mithilfe der experimentellen Untersuchungen und der FEM-Simulation konnte die Temperaturentwicklung aufgezeigt werden. Es bildet sich eine stoffschlüssige Verbindung in der Fügeebene durch eine Schmelzenentwicklung im Stahlblech und deren Ausdehnung in den Elementkopf. Weiterhin wird das Aluminiumsubstrat plastifiziert und den Temperaturen zur Folge auch aufgeschmolzen (Abbildung 43, 125 ms). In den Makroschliffen ist dies über Deformationen und Risse in der Kontaktebene zwischen Element und Aluminiumsubstrat sichtbar (Abbildung 46). Nach Betrachtung der Schmelzenentwicklung mithilfe der Temperaturfelder und Stromdichte sowie den Erkenntnissen aus Kap. 2.3.2 und Kap. 2.3.4 konnte ein Stromlinienmodell abgeleitet und schematisch für das Widerstandspunktschweißen mit Stanzelement in Abbildung 50 dargestellt werden.

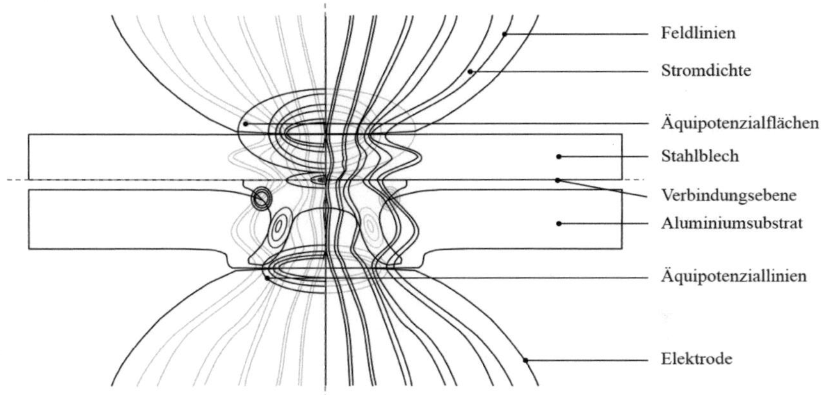

Abbildung 50: Stromlinienmodell zum Widerstandspunktschweißen mit Stanzelement

Der Stromfluss wird vorwiegend mittig vom Aluminium- und Stahlblech über den Elementkopf geleitet. Die Isothermen und Stromdichtekonzentrationen zeigen über den gesamten Schweißprozess im Vergleich zu anderen Bereichen relativ geringe Werte in den Elementfüßen. Daraus lässt sich schlussfolgern, dass im Primärprozess vorhandene Oberflächenrauheiten weitestgehend geglättet und die Kontaktfläche zwischen Element und Aluminiumsubstrat auf ein Maximum vergrößert wird. Zudem bevorzugt der Strompfad die gute Leitfähigkeit des Aluminiumsubstrats, sodass die Elementfüße von der Wärmeentwicklung in der Verbindung weitestgehend unbeeinflusst bleiben.

Dem Stromlinienmodell zufolge fließt der Strom vorwiegend durch das Substrat. Zudem werden Temperaturen erreicht, die zu einer Aufschmelzung im Werkstoff führen. Nach dem Beginn der Schmelzenentwicklung im Stahlblech und im Aluminiumsubstrat kommt es zur Änderung des Stromflusses. In Kombination mit einer Vergrößerung des Kontaktkreisdurchmessers sowie Verkürzung der Leiterlänge nimmt die Stromdichte im Zentrum der Verbindung ab und erhöht sich zunehmend außerhalb des Stanzelements.

Zusammenfassend können mithilfe des Stromlinienmodells die wesentlichen Bereiche lokalisiert werden, die für die Bildung einer Aluminium-Stahl-Verbindung notwendig sind. Dazu gehört zum einen die Lokalisierung der Schmelzenentstehung, welche die Schweißlinsenbildung charakterisiert. Zum anderen können mit dem Modell die temperaturbeeinflussten Bereiche im Aluminiumsubstrat identifiziert werden. Nach Berücksichtigung der in Kap. 2.3.5 aufgeführten werkstofflichen Einflüsse ist davon auszugehen, dass im Substrat Erholung- und Rekristallisationsvorgänge während des Schweißprozesses stattfinden. Welchen Einfluss diese Vorgänge auf die Eigenschaften der Verbindung haben, soll in den folgenden Kapiteln geklärt werden.

5.2 Einfluss der Prozessparameter auf die Gesamtverbindung

5.2.1 Auslegung der Buckelhöhe

Die Analogie zwischen dem Widerstandspunktschweißen mit Stanzelement und dem Buckelschweißen konnte im Stand der Technik (Kap. 2.2.2) beschrieben werden. Der Buckeldurchmesser wird durch die Geometrie des Fügehilfselements vorgeben. Die Einstellung der Buckelhöhe kann jedoch über den Stempelweg im Primärprozess erfolgen. Somit ist es notwendig, den Einfluss dieser Prozessgröße auf die Verbindungsausbildung zu klären. Für die Untersuchung wurde der Kopfüberstand von 0 bis 0,8 mm in den Abstufungen 0,2 mm variiert (Abbildung 51). Die Schweißparameter mit einer Stromstärke von 5,5 kA, einer Schweißzeit von 200 ms und einer Elektrodenkraft von 3,2 kN wurden von der Referenzverbindung übernommen.

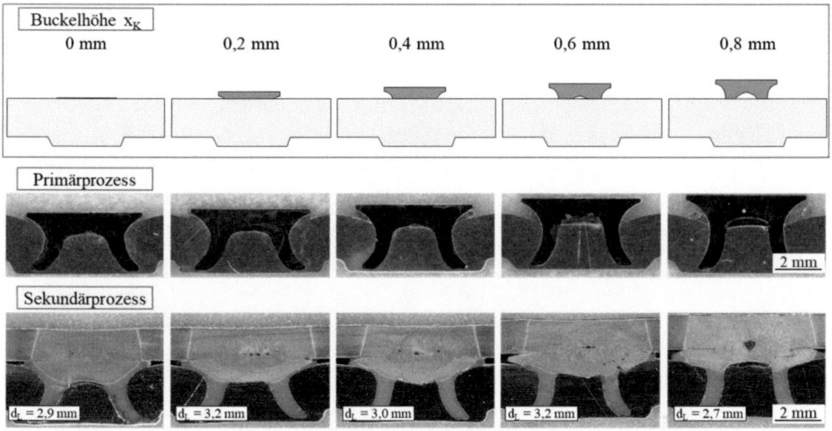

Abbildung 51: Verbindungsausbildung im Primär- und Sekundärprozess in Abhängigkeit der Buckelhöhe von 0 bis 0,8 mm (repräsentative Schliffbilder)

Für die Betrachtung der Buckelhöhe und deren Auswirkungen auf den Sekundärprozess wurde der Schmelzen- und Linsendurchmesser, die Ausdehnung der Wärmeeinflusszone sowie die Spalthöhe zwischen den Fügepartnern in Abbildung 52 zusammenfassend dargestellt.

Bei sehr geringen Buckelhöhen unter 0,2 mm bildet sich in den Schweißversuchen ein durchschnittlicher Linsendurchmesser von 2,4 mm (Abbildung 52). Zudem weist dieser eine hohe Standardabweichung im Vergleich zu den anderen Kopfüberständen auf. Erst mit Zunahme der Buckelhöhe von 0,2 bis 0,4 mm wird eine Schweißlinse über 3,0 mm erreicht (Abbildung 52). Der Schmelzendurchmesser und die Wärmeeinflusszone nehmen ebenfalls zu. Die geringere Standardabweichung steht damit für eine deutlich höhere Reproduzierbarkeit. In Abbildung 52 ist ab einer Buckelhöhe von 0,3 mm eine stetige Abnahme des durchschnittlichen Schweißlinsendurchmessers zu verzeichnen.

Ab einer Elementkopfendlage von 0,6 mm fällt der Wert sogar unter 3,0 mm. Tendenziell nimmt auch die Standardabweichung leicht wieder zu. In den Schweißversuchen sind ab einer Buckelhöhe von 0,5 mm vermehrt Materialspritzern aus der Fügeebene heraus zu beobachten. Ebenfalls bilden sich häufiger Poren innerhalb der Schweißlinse. Darüber hinaus ändert sich auch die Linsengeometrie.

Bei Betrachtung der Makroschliffe nach dem Primärprozess zeigt sich ein Hohlraum unterhalb des Elementkopfes ab einer Buckelhöhe von 0,4 mm (Abbildung 51). Die Einstanztiefe des Fügehilfselements reicht nicht aus, um diesen Bereich vollständig mit Aluminium zu füllen. Mit zunehmender Buckelhöhe wird dieser deutlich größer (vgl. x_K = 0,6 und 0,8 mm). Der Hohlraum führt dazu, dass der Strom nicht mehr wie in Kap. 5.1.5 zentral vom Elementkopf über das Aluminiumsubstrat fließt (Abbildung 50), sondern über den äußeren Kopfbereich abgeleitet wird. Durch die Änderung des Strompfades kommt es zur Überhitzung der Fügestelle zwischen Stanzelement und Stahlblech. Die Folge sind vermehrt Materialspritzer, ein kleinerer Linsendurchmesser und eine starke Deformation des Elementkopfes.

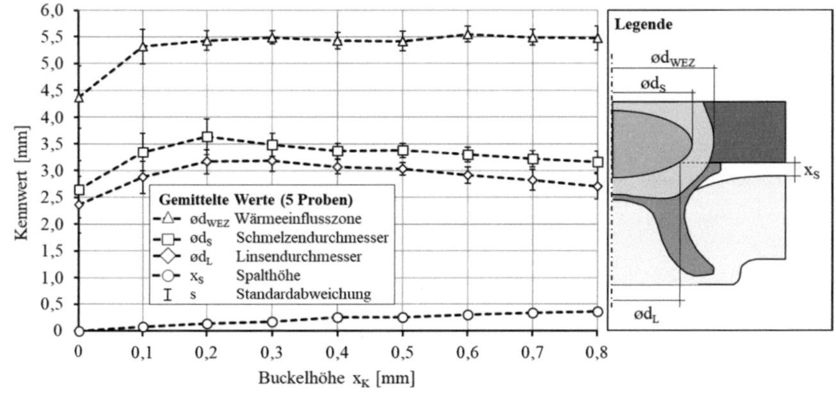

Abbildung 52: Ausbildung der Schweißlinsengeometrie und Spalthöhe in Abhängigkeit der Buckelhöhe von 0 bis 0,8 mm nach dem Sekundärprozess

Die Untersuchung der Buckelhöhe und deren Einfluss auf die Schweißlinsenbildung erfolgten zusätzlich mittels Prozesssimulation. Die Kopfüberstände variierten ebenfalls von 0 bis 0,8 mm. Der im Makroschliff festgestellte Hohlraum ab einer Buckelhöhe von 0,4 mm konnte nicht mit abgebildet werden. Ein direkter Kontakt zwischen dem Stanzelement und dem Aluminiumsubstrat war notwendig, um die Simulation fehlerfrei durchzuführen. Für die Vergleichbarkeit der Buckelhöhen und deren Einfluss auf die Schmelzenbildung hatte dies hinsichtlich einheitlicher Randbedingungen sogar Vorteile, da der Hohlraum eine zusätzliche Störgröße darstellen würde.

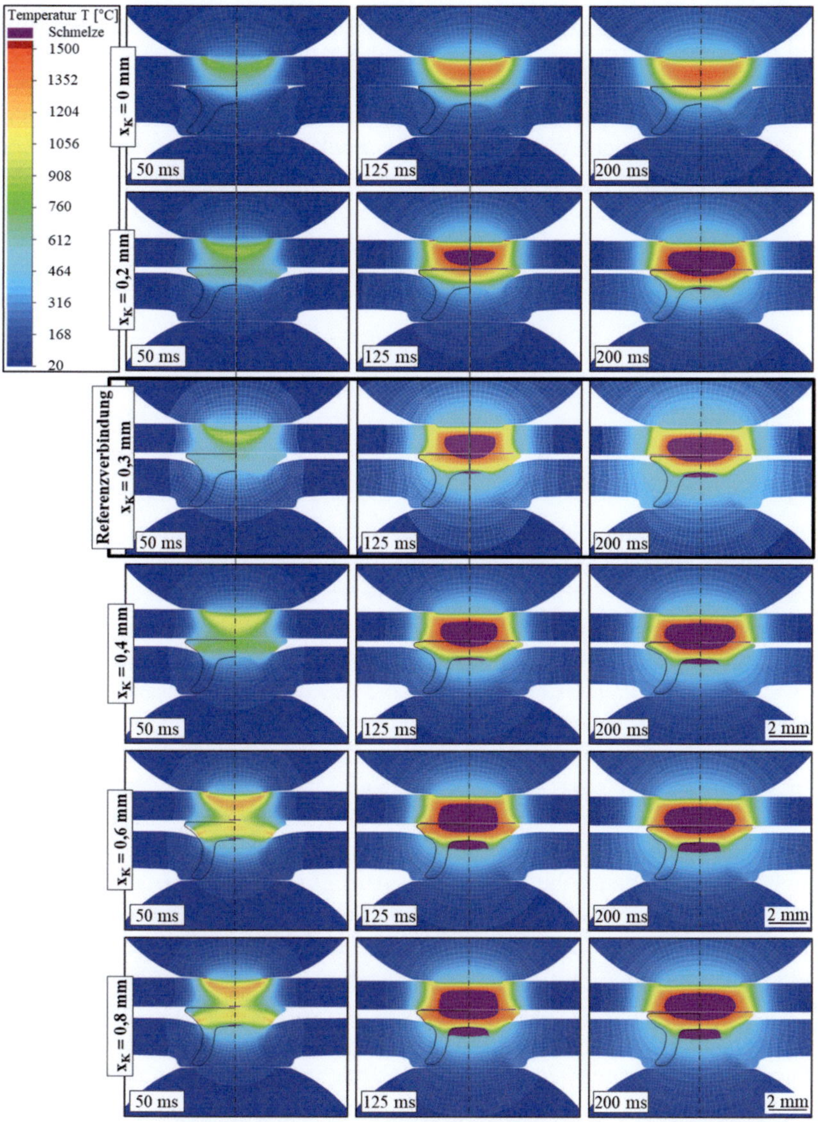

Abbildung 53: Temperaturfelder einer Aluminium-Stahl-Verbindung zum Linsenwachstum in Abhängigkeit der Buckelhöhe von 0 bis 0,8 mm (Simulation)

In der Prozesssimulation zeigen die zeitlich sequenziellen Temperaturfelder die Auswirkungen einer geringen Buckelhöhe unter 0,2 mm (Abbildung 53). Wird das Fügehilfselement vollständig eingestanzt, bleibt eine Schmelzenbildung innerhalb der Schweißzeit aus. Das Aluminium- und Stahlblech sind nicht mehr über einen Spalt lokal voneinander getrennt, sodass ein direkter Kontakt zwischen den Fügepartner besteht. Innerhalb der Verbindung verändert sich dadurch die Strom- und Wärmeableitung. Die Folge ist eine unzureichend hohe Temperaturentwicklung, um den Elementkopf und das Stahlblech aufzuschmelzen (Abbildung 53, $x_k = 0$ mm, 200 ms).

Umgekehrt führt eine zunehmende Buckelhöhe zur Vergrößerung der Leiterlänge. Zusätzlich reduziert sich der Kontaktkreisdurchmesser zwischen Elementkopf und Aluminiumsubstrat. Nach der Formel 2 führen diese Faktoren zum Anstieg des Stoffwiderstands und damit wieder zu einer höheren Wärmeentwicklung innerhalb der Verbindung.

Die zeitlich sequenziellen Temperaturfelder zeigen in Abbildung 53 deshalb eine unterschiedliche Schmelzenentwicklung. Vor allem in den ersten 50 ms verlagert sich das Wärmefeld ausgehend vom Stahlblech in Richtung des unteren Elementkopfbereichs mit zunehmender Buckelhöhe. Die Temperatur und damit einhergehend der Wärmeausdehnungsbereich im Stahl reduzieren sich. Im Aluminiumsubstrat hingegen sind deutliche Temperatursteigerungen festzustellen. Bei einem Kopfüberstand von 0,8 mm bilden sich nach 50 ms Temperaturbereiche über 1000 °C sowohl im Stahlblech als auch im Stanzelement. Letztere läuft ausgehend von den Einlaufradien des Elementkopfes und dem Aluminiumsubstrat in einer nierenförmigen Wärmezone über. Beide Wärmezentren sind zueinander ausgerichtet und fließen in der Fügeebene zusammen. Auffällig bei einer Buckelhöhe von 0,8 mm ist die vorzeitige Schmelzenentstehung im Aluminiumsubstrat unterhalb des Elementkopfes nach ca. 50 ms. Bei einer Schweißzeit von 125 ms wird der Einfluss der zunehmenden Leiterlänge auf die Schmelzenentwicklung sichtbar. Bei einer Buckelhöhe von 0,2 mm befindet sich die Schmelze nur im Stahlblech, wohingegen bei einer Höhe von 0,6 mm eine Aufschmelzung in der Fügeebene und im Aluminiumsubstrat festzustellen ist. Mit weiterer Erhöhung des Elementbuckels auf 0,8 mm nimmt das Schmelzenvolumen weiter zu. Folglich kommt es auch häufiger zu Materialspritzern, wodurch unregelmäßige Schweißlinsen und Poren auftreten.

Zusammenfassend führt die Einstellung der Buckelhöhe im Primärprozess zur Erzeugung eines Schweißbuckels, welcher maßgebend die Schweißlinsenbildung beeinflusst. Der Buckel ruft wie beim konventionellen Buckelschweißen eine Konzentration der Schweißenergie und der damit einhergehenden Erzeugung eines lokalen Wärmestaus hervor. Schlussfolgernd kann damit der Nachweis erbracht werden, dass das Widerstandspunktschweißen mit Stanzelement ein Buckelschweißprozess ist. Die Buckelhöhe ist der Fügeaufgabe entsprechend abzustimmen. Unter den in dieser Arbeit verwendeten Randbedingungen empfiehlt sich eine Elementkopfendlage zwischen 0,2 und 0,4 mm.

5.2.2 Auswirkung der Schweißzeit und Stromstärke auf die Schweißlinsenbildung

Nach Auslegung der Buckelhöhe erfolgte die Untersuchung der Schmelzenentstehung und Linsenausbildung unter Anwendung verschiedener Schweißparameter. Als Referenz wurde die Verbindung an der unteren Bereichsgrenze bei 200 ms und 5,5 kA gewählt. Die Buckelhöhe von 0,3 mm und Elektrodenkraft von 3,2 kN blieben für die Untersuchungen zur Schweißlinsenbildung konstant. Dagegen wurden die Schweißzeit und Stromstärke auf 1000 ms bzw. 8,0 kA schrittweise nach Abbildung 54 erhöht.

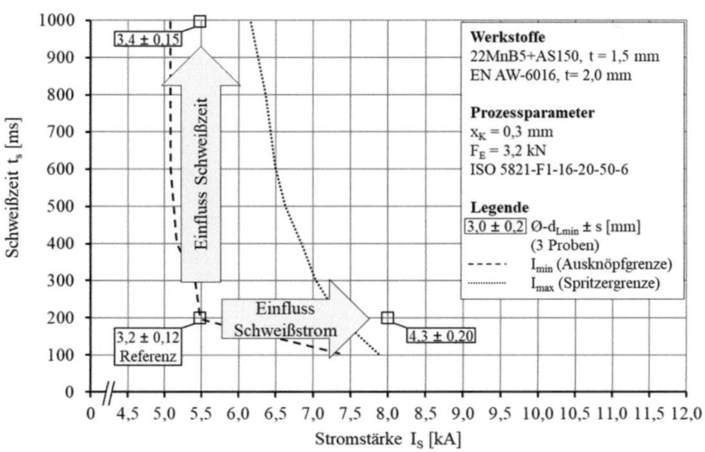

Abbildung 54: Vorgehensweise zur Betrachtung der Schweißlinsenbildung

Einfluss Schweißzeit

Bei Schweißzeiten über 200 ms kommt es zur zunehmenden Deformation des Elementkopfes (Abbildung 55). Zusätzlich dringt die Schmelze teilweise in das Aluminiumsubstrat ein. Ursache ist die Plastifizierung bis hin zur Aufschmelzung des Substrates mit zunehmender Schweißzeit. Die FEM-Simulation gelangt hierbei an ihre Darstellungsgrenze, sodass die Deformationen und die daraus resultierende geometrische Änderung der Schweißlinse nicht mit abgebildet werden (Abbildung 56).

Demgegenüber ist aber die in der Simulation festgestellte Abkühlung des Fügezentrums während des Schweißprozesses ab 300 ms mithilfe der Makroschliffe nachweisbar. Dabei kommt es zu unterschiedlichen Kornstrukturen innerhalb des Schmelzbereiches. In den Makroschliffen ist dies durch eine weitere Linsenbildung erkennbar, welche mit zunehmender Schweißzeit deutlich sichtbarer wird (Abbildung 55, 600 ms). Insgesamt führt eine längere Schweißzeit zu keiner signifikanten Vergrößerung des Schweißlinsendurchmessers.

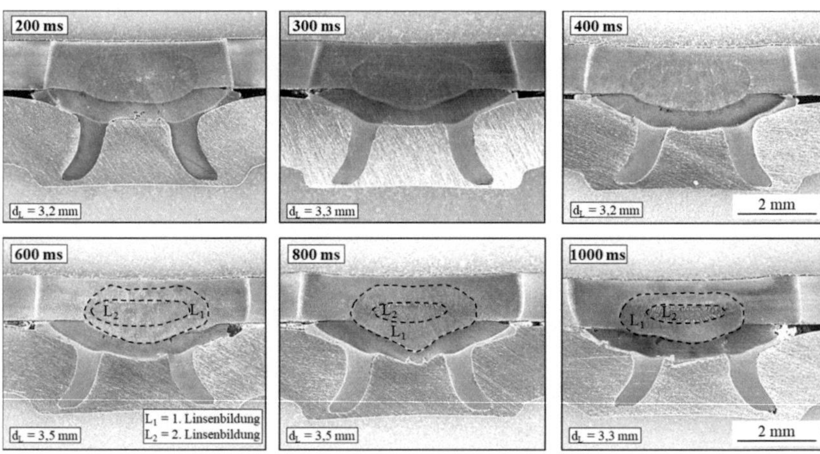

Abbildung 55: Schweißlinsenausbildung einer repräsentativen Aluminium-Stahl-Verbindung bei Variation der Schweißzeit von 200 bis 1000 ms bei 5,5 kA

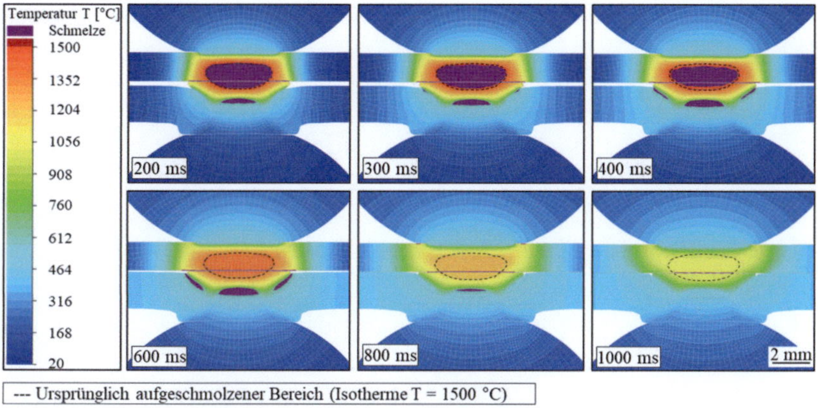

Abbildung 56: Schweißlinsenausbildung einer Aluminium-Stahl-Verbindung bei Variation der Schweißzeit von 200 bis 1000 ms bei 5,5 kA (Simulation)

Einfluss Stromstärke

Die Stromstärke nimmt einen wesentlichen Einfluss auf die Schweißlinsengeometrie (Abbildung 57). Der Linsendurchmesser in der Fügeebene vergrößert sich von 3,2 mm bei 5,5 kA bis auf 3,6 mm bei 6,5 kA. Bei einer Stromstärke von 8,0 kA erreicht dieser sogar einen Wert bis zu 4,3 mm.

Die im Kap. 5.1.2 festgestellte Schmelzenbildung im Aluminiumsubstrat wird mit zunehmender Stromstärke unterstützt und führt zu einem Durchsacken bis hin zu einem Durchbruch der Linse in das Substrat (vgl. Abbildung 57, 7,0 kA).

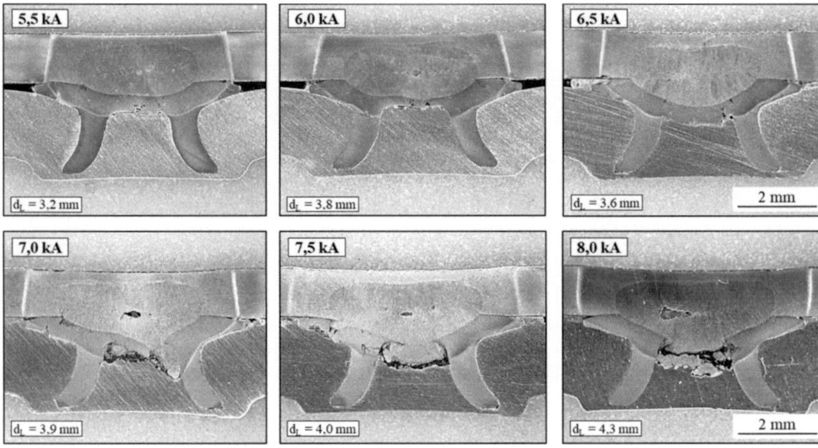

Abbildung 57: Schweißlinsenausbildung einer repräsentativen Aluminium-Stahl-Verbindung bei Variation der Stromstärke von 5,5 bis 8,0 kA bei 200 ms

5.2.3 Schweißlinsenformen

Die Ausprägung der Schweißlinse und Wärmeeinflusszone lassen neben der Bewertung der werkstofflichen Anbindung auch Rückschlüsse auf die im Schweißprozess eingebrachte Wärme, das Aufschmelz- und das Erstarrungsverhalten sowie Imperfektionen zu. Nach Auswertung der metallografischen Untersuchungen innerhalb des Schweißbereichs können insgesamt drei unterschiedliche Linsenformen festgestellt werden, welche abhängig von der Wärmeeinbringung sind. Weiterhin zeigt die Schweißlinsenbildung beim Widerstandspunktschweißen mit Stanzelement gute Übereinstimmungen mit den Beobachtungen zum Punktschweißen von unlegiertem Stahl (siehe Kap. 2.3.3). Die auftretenden Schweißlinsenformen und deren Auftreten im Schweißstrom-Zeit-Bereichsdiagramm sind in Abbildung 58 zusammengefasst.

Bei kurzen Schweißzeiten und geringen Stromstärken bildet sich vorwiegend die Linsenform A aus. Ihre ovale Form gleicht einer typischen Stahl-Stahl-Verbindung. Die Schmelzenbildung entsteht hauptsächlich im Stahlblech und breitet sich erst mit zunehmender Schweißzeit über den Elementkopfbereich aus.

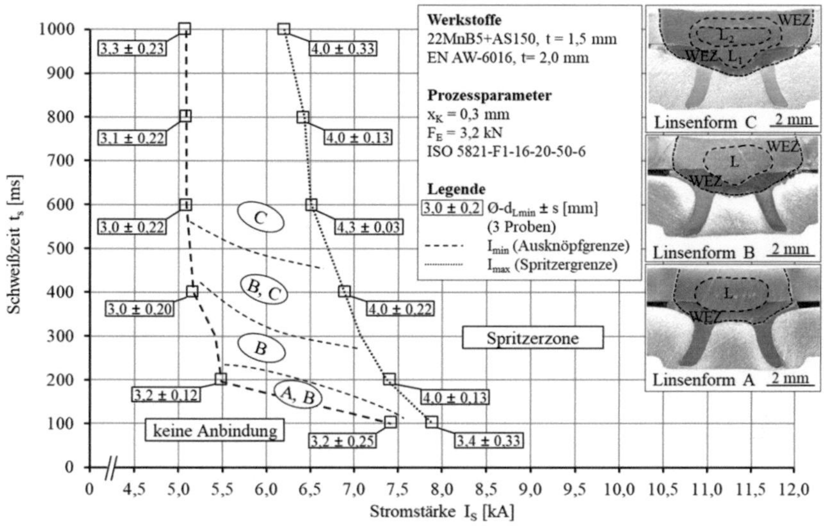

Abbildung 58: Repräsentative Schweißlinsenformen beim Widerstands-punktschweißen mit Stanzelement innerhalb des aufgestellten Schweißstrom-Zeit-Bereichsdiagramms

Typisch für die Linsenform A ist die geringe Eindringtiefe der Schweißlinse und die nach oben verschlankende Wärmeeinflusszone. Das Ausmaß im Stahlblech beträgt etwa den Durchmesser der Elektrodenauflagefläche.

Die Linsenform B ist die am häufigsten auftretende Schweißlinse innerhalb des Schweißbereichs. Der erhöhte Wärmeeintrag führt zu einem weiteren Wachstum der Linse. Die Wärmeeinflusszone wechselt in eine konvexe Form mit Abmessungen über der Elektrodenauflagefläche hinaus. Aufgrund der erhöhten Temperatur und der damit verbundenen Plastifizierung des Aluminiumsubstrats kommt es zu einem Durchsacken und anschließenden Durchbruch der Schmelze in das Material hinein.

Die Linsenform C ist vermehrt bei Schweißzeiten ab 500 ms zu beobachten und weist häufiger Durchbrüche sowie Vermischungen mit dem Aluminiumsubstrat auf. Die Wärmeeinflusszone vergrößert sich im Stahlblech und im Stanzelement, während das Volumen der Schweißlinse nahezu unverändert bleibt. Die sich ändernde Wärmeabführung während des Schweißprozesses führt zur Ausbildung einer zweiten sichtbaren Linse.

5.2.4 Thermisch hervorgerufene Elementverformung

Im Primärprozess entscheidet die Einstanztiefe des Elements über die Ausprägung der geometrischen Kenngrößen wie Stauchmaß, Hinterschnitt, Fußdurchmesser und Restbodendicke. Zudem wird dadurch die daraus resultierende Buckelhöhe eingestellt, die wiederrum die Schweißlinsenbildung beeinflusst. Die Betrachtungen zur Schweißlinsenbildung in Kap.5.1.3 zeigten bei der Referenzverbindung eine zusätzliche Elementverformung im Kopfbereich unter thermischer Belastung.

In den nachfolgenden Untersuchungen soll deshalb geklärt werden, inwieweit sich der Sekundärprozess auf die anderen geometrischen Kennwerte auswirkt und ob eine Abhängigkeit von der eingestellten Buckelhöhe sowie Schweißparametern besteht.

Zur Untersuchung des thermischen Einflusses auf die Elementverformung wurden neben der Variation der Buckelhöhe von 0 bis 0,8 mm auch die Schweißparameter geändert. Die Bewertung erfolgte im Makroschliff anhand der geometrischen Kennwerte. Die Abbildung 59 bis Abbildung 62 zeigt aus dieser Untersuchung neben der Referenzverbindung (I_S = 5,5 kA, F_E = 3,2 kN, t_S = 200 ms) auch repräsentative Versuchsreihen, die sich aus der Erhöhung des Schweißstromes auf 7,4 kA, der Schweißzeit auf 600 ms und der Elektrodenkraft auf 5,0 kN, bei ansonsten gleichbleibenden Parametern ergaben. Alle Werte lagen somit innerhalb der Schweißbereichsgrenzen, um einen Einfluss durch Materialspritzer auszuschließen. Zur besseren Betrachtung einer thermisch hervorgerufenen Elementverformung wurden die Kennwerte nach dem Primärprozess mit aufgeführt.

Der Einfluss der Stromstärke bezieht sich vorwiegend auf das Stauchmaß des Stanzelements (Abbildung 59). Das Element wird unter der Wärmeeinbringung weiter zusammengestaucht. Der Einfluss ist dabei auch abhängig von der der vorher eingestellten Buckelhöhe. Zum Beispiel findet bei einer Elementkopfendlage von 0,6 mm im Sekundärprozess bei Verwendung einer Stromstärke von 5,5 kA eine Reduzierung der Elementlänge um ca. 0,3 mm statt. Im Gegensatz dazu wird das Element bei 7,4 kA um ca. 0,6 mm gestaucht. Der Hinterschnitt weist nur bei dieser Stromstärke eine geringfügige Reduzierung auf (Abbildung 60).

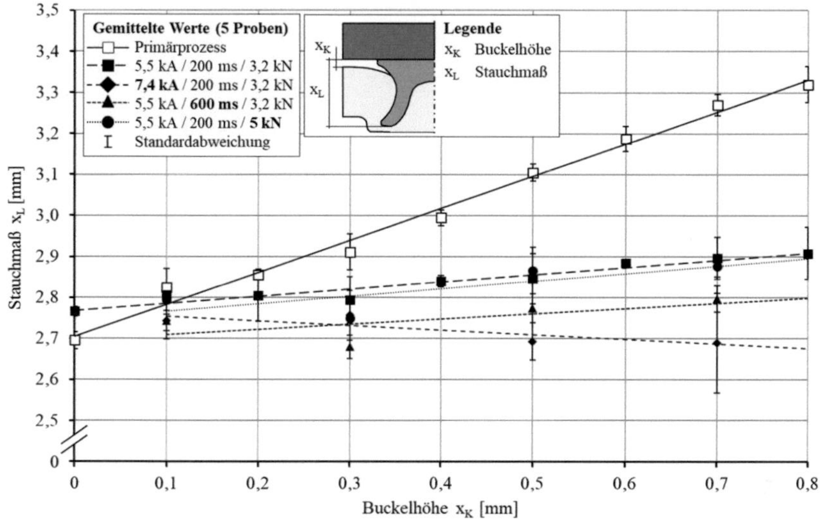

Abbildung 59: Einfluss der Schweißparameter auf das Stauchmaß des Stanzelements in Abhängigkeit der Buckelhöhe

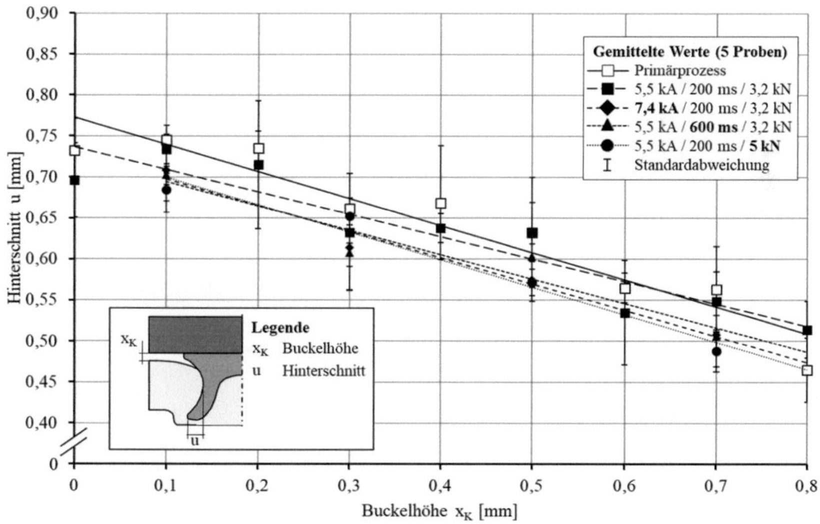

Abbildung 60: Einfluss der Schweißparameter auf den Hinterschnitt des Stanzelements in Abhängigkeit der Buckelhöhe

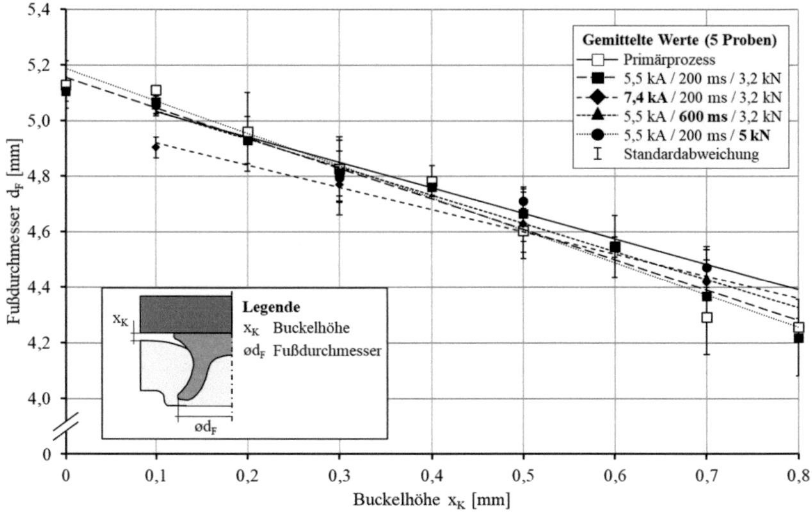

Abbildung 61: Einfluss der Schweißparameter auf den Fußdurchmesser des Stanzelements in Abhängigkeit der Buckelhöhe

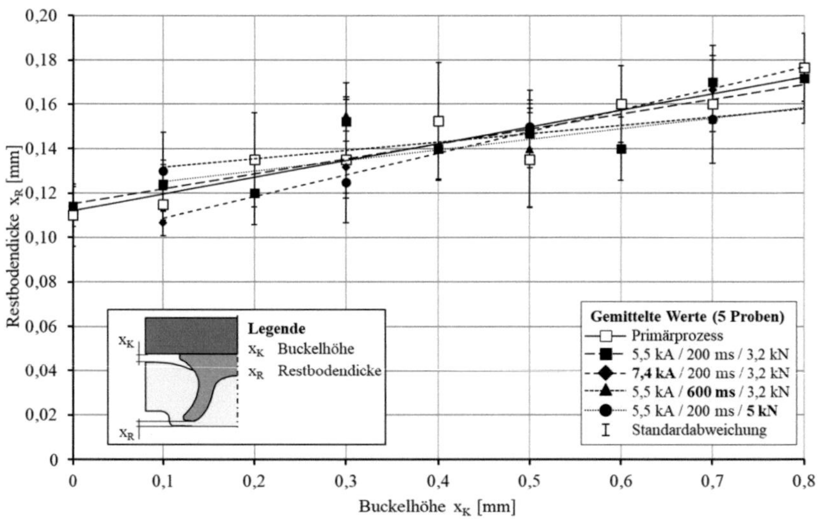

Abbildung 62: Einfluss der Schweißparameter auf die Restbodendicke des Stanzelements in Abhängigkeit der Buckelhöhe

Daraus lässt sich ableiten, dass das Stauchmaß so stark reduziert wird, dass sich die Verkürzung der Elementlänge nicht ausschließlich mehr auf den Kopfbereich des Elements, sondern auch auf den Elementschaft bezieht. Bei Betrachtung der anderen geometrischen Kennwerte, wie Fußdurchmessers (Abbildung 61) und Restbodendicke (Abbildung 62) ist keine wesentliche Beeinflussung durch den Sekundärprozess festzustellen. Die Abweichungen der Kurvenverläufe können unter den einzelnen Standardabweichungen vernachlässigt werden.

Eine längere Schweißzeit von bspw. 600 ms bei ansonsten konstanten Parametern (I_S = 5,5 kA, F_E = 3,2 kN) führt ebenfalls vorwiegend nur zur Reduzierung der Elementlänge. Der Hinterschnitt weist auch hier nur eine geringfügige Änderung auf. Bei Verwendung einer höheren Elektrodenkraft von 5 kN ist gegenüber den Referenzparametern mit 3,2 kN keine signifikante Änderung der Kennwerte festzustellen. Die Betrachtungen zur Elementausprägung in Abhängigkeit der Buckelhöhe sowie der Schweißparameter Stromstärke, Schweißzeit und Elektrodenkraft führen zum Nachweis, dass beide Prozessschritte sich gegenseitig beeinflussen. Dabei werden die geometrischen Kenngrößen Stauchmaß, Hinterschnitt, Fußdurchmesser und Restbodendicke dominierend durch den Primärprozess bestimmt.

Der Sekundärprozess führt vorwiegend zu einer Reduzierung des Stauchmaßes. Dabei ist festzustellen, dass bei Buckelhöhen über 0,4 mm die anfänglich größere Elementlänge durch eine höhere Stromstärke oder längere Schweißzeit kompensiert werden kann. Diese Erkenntnis scheint auf den ersten Blick eine interessante Parameterkonstellation darzustellen. Demnach wäre im Primärprozess eine geringe Setzkraft erforderlich, welche wiederum eine schlankere Auslegung der Setzzange ermöglichen würde. Die Kennwerte Hinterschnitt, Fußdurchmesser und Restbodendicke zeigen jedoch keine signifikante Änderung durch den Sekundärprozess. Ein weiteres Einstanzen des Elements in das Aluminiumsubstrat kann dies zufolge ausgeschlossen werden. Verformungen sind ausschließlich im Kopf- und geringfügig im oberen Schaftbereich festzustellen. Demnach ist es nicht zielführend, dass Stanzelement über den Sekundärprozess in das Substrat einzubringen. Da der Hinterschnitt nach dem Stand der Technik eine festigkeitsrelevante Größe darstellt und sich mit zunehmender Buckelhöhe verringert, ist eine Reduzierung der Verbindungsfestigkeit zu erwarten. Infolgedessen wurden weiterführende Festigkeitsversuche angestellt.

5.3 Ermittlung mechanisch-technologischer Eigenschaften

5.3.1 Eigenschaften der Schweißpunktgeometrie

Zur Ermittlung der Eigenschaften der Linsengeometrie wurden Härteprüfungen entlang des Stahlblechs durchgeführt. Die Prozessparameter entsprachen der Referenzverbindung aus Kap. 5.1 mit einer Schweißzeit von 200 ms und einer Stromstärke von 5,5 kA. Die Elektrodenkraft betrug weiterhin 3,2 kN. In Abbildung 63 ist eine ausgewählte Härteprüfung der Referenzverbindung dargestellt. Die Grundhärte des mikrolegierten Vergütungsstahls beträgt ca. 500 HV1. Ein deutlicher Härteabfall kann bei allen Prozessparametern am Übergang von der Wärmeeinflusszone und dem unbeeinflussten Stahlblech bestimmt werden. Innerhalb des wärmebeeinflussten Bereichs steigt die Härte auf ca. 580 HV1. Im Sekundärprozess nimmt die hohe Temperaturentwicklung Einfluss auf die Werkstoffeigenschaften des Stanzelements. Die Wärmeeinflusszone erstreckt sich bis in den oberen Schaftbereich. Abbildung 64 stellt einen repräsentativen Härteverlauf entlang des Schaft- und Fußbereichs im Fügehilfselement dar. Durch den thermischen Einfluss kann innerhalb des wärmebeeinflussten Bereichs eine Aufhärtung bis 705 HV1 bestimmt werden. Im Randbereich der Wärmeeinflusszone ist hingegen ein Härteabfall bis auf ca. 340 HV1 festzustellen, welcher somit eine metallurgische Kerbe darstellt.

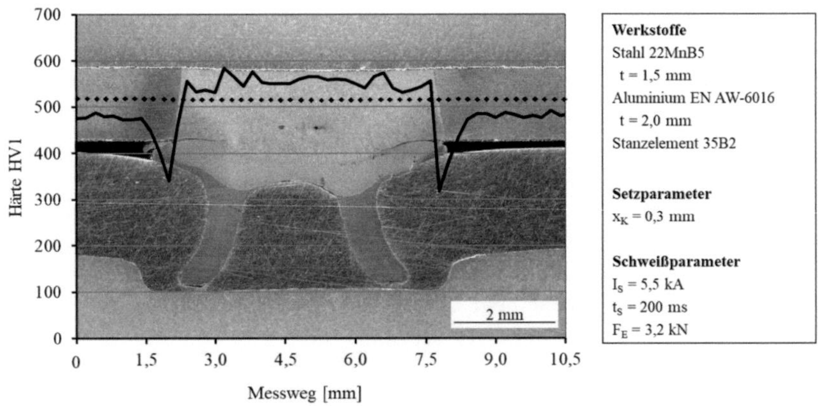

Abbildung 63: Repräsentativer Härteverlauf am Stahlblech (Prüfung)

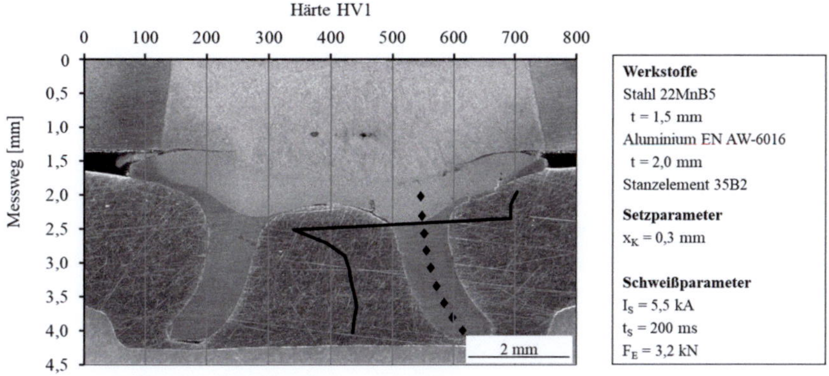

Abbildung 64: Repräsentativer Härteverlauf am Stanzelement (Prüfung)

Im Sekundärprozess kommt es aufgrund der hohen Temperaturentwicklung zwischen dem Stanzelement und dem Stahlblech zur Schmelzenbildung im Material. Um die Auswirkungen der Schweißlinsenbildung sichtbar zu machen, wurde eine flächenhafte Prüfung der Härte bei zeitlich abgestuften Makroschliffen durchgeführt (Abbildung 65). Mithilfe dieser ist die Ausbreitung der thermisch beeinflussten Zone von 50 ms bis 200 ms nachzuvollziehen. Wie in Abbildung 63 ersichtlich, kommt es am Rand der Wärmeeinflusszone zu einem starken Härteabfall unterhalb des Grundmaterials. Innerhalb dieses Bereichs, besonders bei einer Schweißzeit ab 150 ms ist eine großflächige Aufhärtung im Stahlblech bis 650 HV0,1 und im Stanzelement sogar bis 750 HV0,1 nachweisbar. Eine thermische Beeinflussung zeigt sich bis in den Elementschaftbereich.

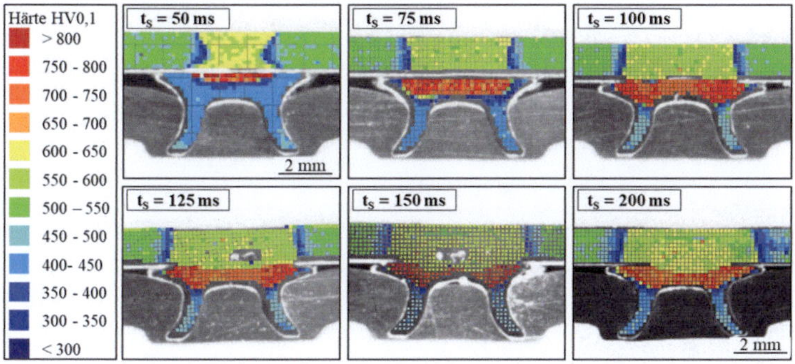

Abbildung 65: Flächenhafte Bestimmung der Härte am Stanzelement und Stahlblech nach dem Sekundärprozess bei variierenden Schweißzeiten von 50 bis 200 ms

5.3.2 Quasistatische Scherzugversuche

Scherzugfestigkeiten in Abhängigkeit der Buckelhöhe

Vom konventionellen Halbhohlstanznieten ist bekannt, dass die Verbindungsfestigkeit vom Spreiz- und Stauchverhalten abhängig ist. Die geometrischen Kennwerte, welche die kraft- und formschlüssige Verbindung beim Widerstandspunktschweißen mit Stanzelement definieren, können über die Einstellung der Elementkopfendlage im Primärprozess dominierend beeinflusst werden. Die Schweißparameter im Sekundärprozess haben nur einen geringen Einfluss (Kap. 5.4.2). Demgegenüber wird über die Buckelhöhe der Stromfluss gesteuert und damit die Schweißmöglichkeit bestimmt. Um die Auswirkungen der Elementeinbringung auf die mechanisch-technologischen Eigenschaften von der Gesamtverbindung zu ermitteln, wurden Scherzugversuche bei verschiedenen Kopfüberständen von 0 bis 0,8 mm durchgeführt (Abbildung 66). Die Fügepartner wurden mit einer Stromstärke von 5,5 kA bei 200 ms geschweißt. Die Elektrodenkraft betrug 3,2 kN. Die Scherzugkräfte der gesamten Versuchsreihe liegen zwischen 3,2 und 5,0 kN. Insgesamt ist festzustellen, dass mit zunehmender Buckelhöhe die Verbindungsfestigkeit abnimmt. Wird zum Beispiel das Stanzelement vollständig in das Aluminiumsubstrat eingebracht (x_k = 0 mm), erreichen die Versuchsproben eine durchschnittliche Scherzugkraft von 4,4 kN. Hingegen sinkt diese bei einer Buckelhöhe von 0,8 mm bis auf ca. 3,6 kN.

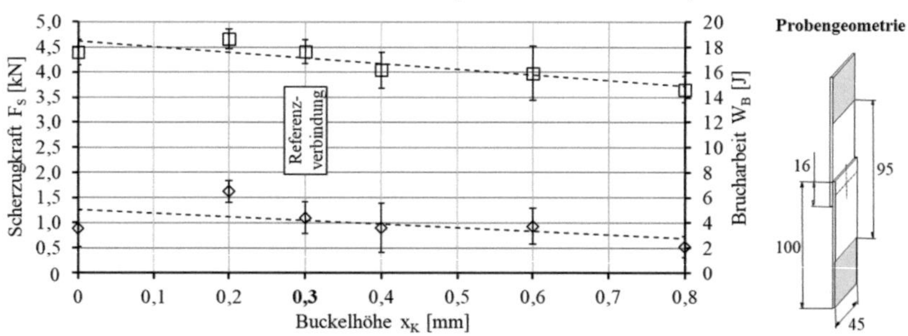

Werkstoffe	Setzparameter	Prüfmethode	Legende
Aluminium EN AW-6016 (T4),	x_K	Scherzugversuche	I Standardabw.
t = 2,0 mm	Matrize M70-05	Prüfgeschwindigkeit: 10 mm/min	□ Scherzugkraft
Stahl 22MnB5+AS150,	**Schweißparameter**	Einpunktprobe	◇ Brucharbeit
t = 1,5 mm	I_S = 5,5 kA, t_S = 200 ms,	Probenanzahl: je 7	
Stanzelement 35B2+Zn-Sn-Al-OFL	F_E = 3,2 kN		

Abbildung 66: Gegenüberstellung der Scherzugfestigkeiten in Abhängigkeit der Buckelhöhe von 0 bis 0,8 mm

Ausnahme bildet der Bereich mit einer Elementkopfendlage zwischen 0,2 und 0,3 mm. Die Referenzverbindung erreicht einen Durchschnittswert von 4,4 kN mit einer Standardabweichung von 0,24 kN und liegt damit auf dem Kraftniveau deren Versuchsreihe, bei der das Stanzelement vollständig eingestanzt wurde (x_K = 0 mm). Darüber hinaus werden die höchsten Zugkräfte von ca. 4,7 kN bei einer Buckelhöhe von 0,2 mm erreicht. Die Brucharbeiten zeigen ebenfalls eine vergleichbare Abhängigkeit von der Buckelhöhe. Die durchschnittlichen Werte nehmen ab einer Buckelhöhe von 0,2 mm mit zunehmender Elementkopfendlage ab. Ausnahme bildete auch hier die Versuchsreihe, bei der das Stanzelement vollständig eingestanzt wurde. Die Unterschiede in den Brucharbeiten lassen sich an den jeweiligen repräsentativen Kraft-Weg-Kurven in Abbildung 67 erklären. Bei einer Buckelhöhe von nahezu 0 mm kommt es zu einem Linsen- oder Linsengrenzbruch direkt in der Fügeebene (Abbildung 68, A1 und A2). In Kap. 5.2.1 konnte hierzu ein Linsendurchmesser von durchschnittlich 2,4 mm durch Makroschliffen ermittelt werden, welcher den kleinsten Wert gegenüber den anderen Versuchsreihen darstellt. Zusätzlich besitzt dieser Kennwert eine hohe Standardabweichung von ca. 0,5 mm. Demzufolge schwanken die Brucharbeiten zwischen 1,5 und 6,0 J. Der Durchschnittswert liegt bei 3,6 J.

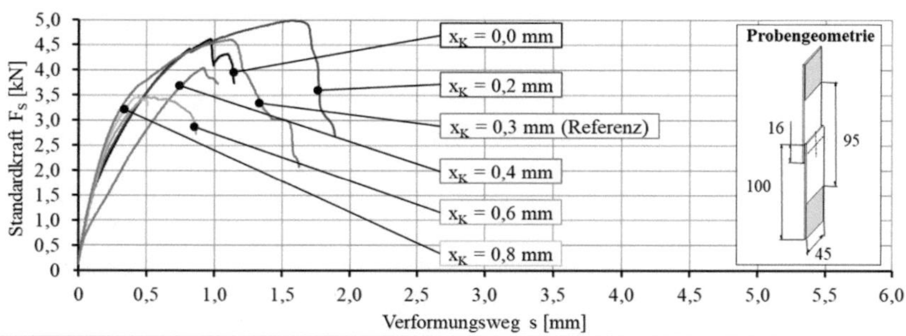

Werkstoffe	**Setzparameter**	**Prüfmethode**
Aluminium EN AW-6016 (T4),	x_K	Scherzugversuche
t = 2,0 mm	Matrize M70-05	Prüfgeschwindigkeit: 10 mm/min
Stahl 22MnB5+AS150,	**Schweißparameter**	Einpunktprobe
t = 1,5 mm	F_E = 3,2 kN / I_S = 5,5 kA / t_S = 200 ms	Probenanzahl: je 7
Stanzelement 35B2+Zn-Sn-Al-OFL		

Abbildung 67: Vergleich repräsentativer Kraft-Weg-Kurven bei unterschiedlichen Buckelhöhen von 0 bis 0,8 mm im Scherzugversuch

Mit der Einstellung der Buckelhöhe auf 0,2 mm vergrößert sich der Schweißlinsendurchmesser auf ca. 3,1 mm. Das Versagensschaubild ist nun mehr durch einen Linsengrenzbruch gekennzeichnet (Abbildung 68, A2). Der nicht angebundene Bereich zwischen Elementkopf und Stahlblech begünstigt eine geometrische Kerbwirkung auf der zugbeanspruchten Seite. Die lokale Belastung führt zur Risseinleitung und -ausbreitung direkt neben dem aufgeschmolzenen Bereich (Abbildung 69). Letztendlich erfolgt das Versagen durch eine Trennung zwischen der Schweißlinse und Stahlblech, wobei Ersteres aus dem Stahlblech herausbricht und auf dem Elementkopf zurückbleibt.

Teilweise ist bei den Versuchsproben zusätzlich ein anfängliches Herausziehen des Stanzelements aus dem Aluminiumsubstrat zu beobachten (Abbildung 68, A2), wodurch der plastische Verformungsanteil und damit die Brucharbeit gegenüber den Proben mit einer Buckelhöhe von 0 mm zunimmt (Abbildung 67, $x_K = 0,2$ mm). Die durchschnittliche Scherzugkraft erhöht sich dadurch auf 4,7 kN und die Brucharbeit auf 6,5 J. Der Kraft- und Formschluss hält dennoch der Belastung stand, sodass das Versagen in der stoffschlüssigen Verbindung auftritt.

Ab einer Buckelhöhe von 0,3 mm ist neben den Linsengrenzbruch auch ein Versagen im Stanzelement festzustellen. Vorwiegend kommt es zu einem Elementbruch im Kopf- (Abbildung 68, B4) oder Schaftbereich (Abbildung 68, B5). Die Referenzverbindung weist einen Linsendurchmesser von ca. 3,2 mm auf (Kap. 5.1.3). Das Versagensschaubild lässt darauf schließen, dass unter der gewählten Parametereinstellung die Schweißlinse der Belastung im Scherzugversuch vorwiegend standhält. Die Versagensursache ist mithilfe der Makroschliffe und flächenhafte Prüfung der Härte zu erklären. Der Elementbruch im Schaftbereich kann in unmittelbarer Nähe zur Wärmeeinflusszone lokalisiert werden (Abbildung 70). Die Untersuchung zeigt dort einen deutlichen Härteabfall (Abbildung 64). Schlussfolgernd erfolgt unter Scherbelastung die Krafteinleitung bei diesem Versagensschaubild nicht in der Fügeebene, sondern an der Kontaktfläche zwischen Elementkopf und Aluminiumsubstrat.

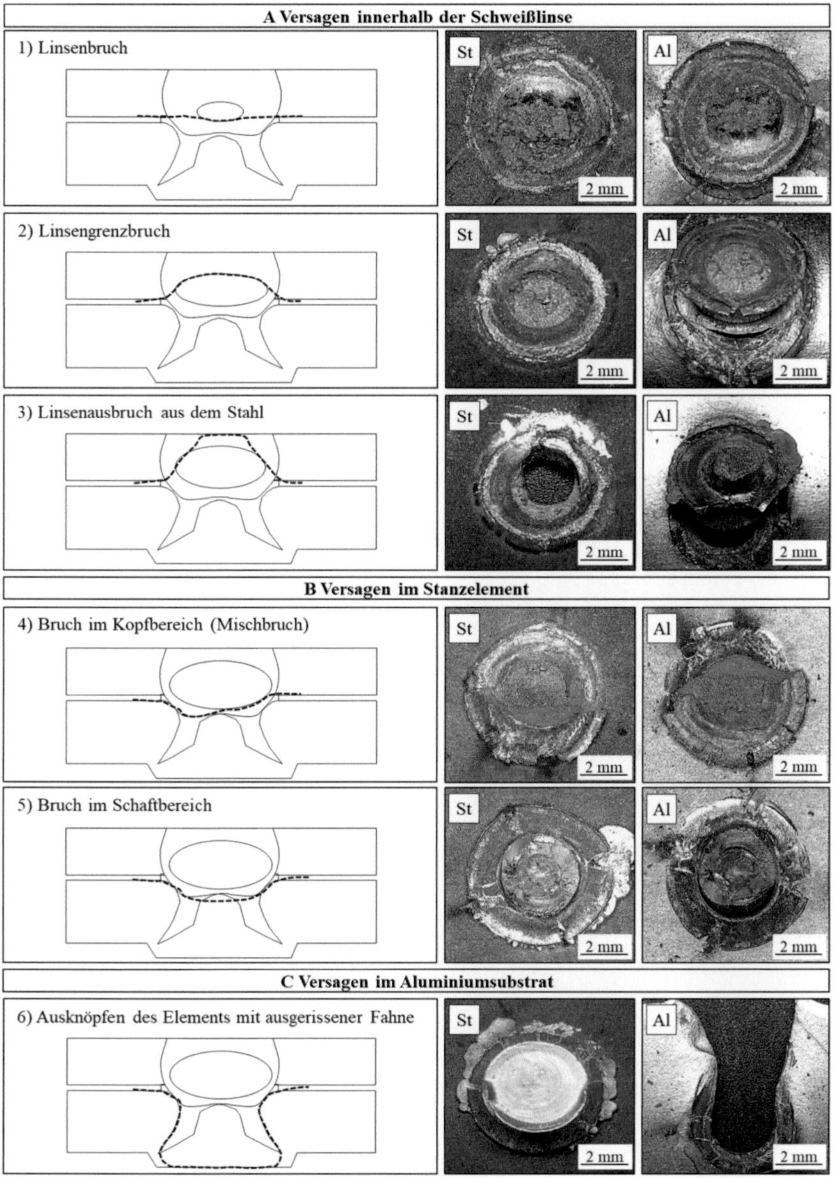

Abbildung 68: Versagensschaubilder im Scherzugversuch, Proben zeigen Verbindungsebene

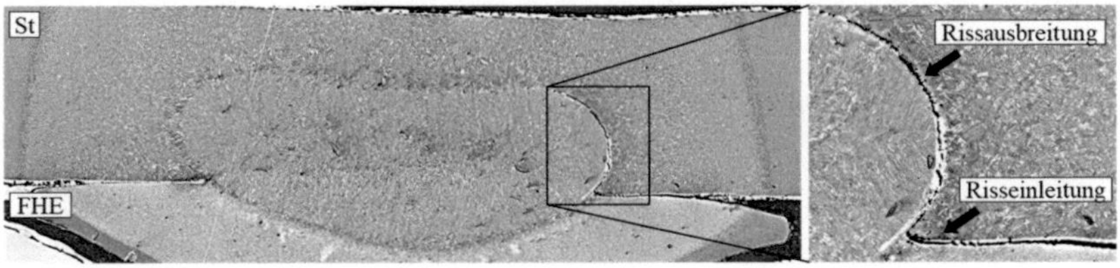

Abbildung 69: Risseinleitung und Rissausbreitung entlang der Schweißlinse im unterbrochenen Scherzugversuch

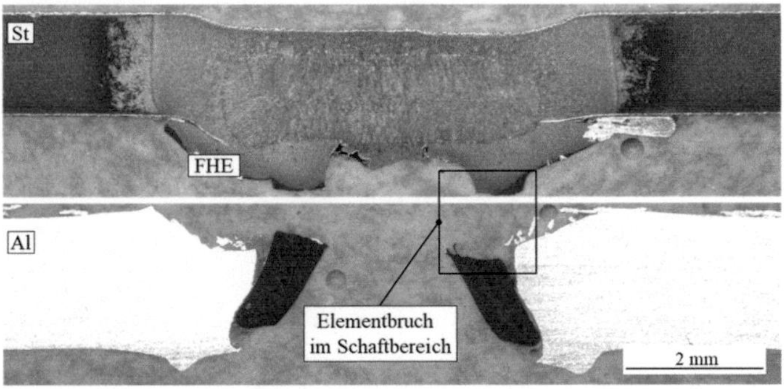

Abbildung 70: Repräsentative Darstellung eines Elementbruchs im Schaftbereich

Das Versagen im Kopfbereich (Abbildung 68, B4) kann dazu als ein Mischbruch zwischen dem Linsengrenzbruch (Abbildung 68, A2) und dem vollständigen Bruch im Elementschaft (Abbildung 68, B5) angesehen werden. Bis zu einer Buckelhöhe von 0,6 mm charakterisiert dieses Versagensverhalten vorwiegend die Versuchsproben. Da der durchschnittliche Linsendurchmesser mit zunehmender Elementkopfendlage abnimmt, reduziert sich auch die Scherzugkraft der jeweiligen Versuchsreihen. Überlagert wird dieser Aspekt durch die geringere Elementumformung bei größeren Buckelhöhen.

Bei hohen Kopfüberständen von 0,8 mm kommt es bei vier der sieben Versuchsproben zum Elementbruch quer über den Kopfbereich (Abbildung 68, B4). Eine Probe versagte durch einen Elementbruch im Schaftbereich (Abbildung 68, B5). Darüber hinaus konnten zwei Linsengrenzbrüche festgestellt werden (Abbildung 68, A2). Die Proben erreichen eine durchschnittliche Maximalkraft von 3,7 kN und Brucharbeit von 2,1 kN (Abbildung 66).

Der große Spalt zwischen Aluminiumsubstrat und Stahlblech im Sekundärprozess bietet viel Raum, um das plastifizierte und flüssige Stahlmaterial zu verdrängen. Zusätzlich führt der Hohlraum unterhalb des Elementkopfes zu einer inhomogenen Buckeldeformation beim Schweißen (Kap. 5.2.1). Die Folge sind unregelmäßige ausgeprägte Schweißlinsen und Materialverdrängungen im Kopfbereich mit zunehmender Buckelhöhe (Abbildung 71).

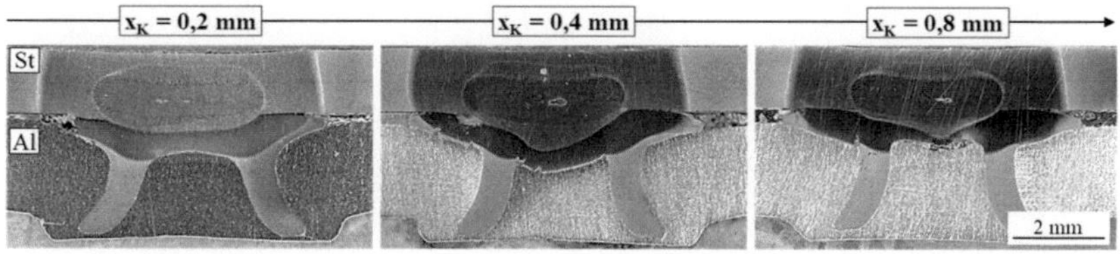

Abbildung 71: Repräsentative Schweißlinsenausbildung bei 5,5 kA und 200 ms bei Buckelhöhen von 0,2; 0,4 und 0,8 mm

Der durchschnittliche Linsendurchmesser beträgt 2,7 mm. Insgesamt führen diese Gegebenheiten zu unterschiedlichen Versagensschaubildern sowie den geringsten Scherzugfestigkeiten. Ein Vergleich mit den Ergebnissen aus der Prozessanalyse unterstützt die Erkenntnisse zum Einfluss der Buckelhöhe auf das Versagensverhalten (Abbildung 53). Mit zunehmendem Kopfüberstand verschiebt sich die Schmelzenentstehung vom Stahlblech zum Stanzelement. Die Verlagerung der Schweißlinse in Richtung des Aluminiumsubstrats, die allgemeine Vergrößerung des Wärmefelds sowie eine starke Verformung des Fügehilfselements im Kopfbereich begünstigen einen Elementbruch im Kopf- oder Schaftbereich.

Scherzugfestigkeiten entlang der Schweißbereichsgrenzen

Zur weiteren Ermittlung mechanisch-technologischer Eigenschaften der Gesamtverbindung wurden Scherzugversuche entlang des aufgestellten Schweißstrom-Zeit-Bereichsdiagramms (vgl. Abbildung 38) an der Referenzverbindung ($x_K = 0{,}3$ mm) durchgeführt. Ziel der Untersuchung war zudem die Ermittlung der Versagensschaubilder innerhalb der Prozessgrenzen. Die Elektrodenkraft betrug unverändert 3,2 kN. Die Abbildung 72 zeigt die Gegenüberstellung der Scherzugkräfte sowie Brucharbeiten an der unteren (I_{min}) und die Abbildung 73 an der oberen Stromgrenze (I_{max}). Die durchschnittlichen Scherzugkräfte entlang der unteren und oberen Schweißbereichsgrenze liegen zwischen 4,0 und 4,5 kN.

Insgesamt weisen die Kräfte nur eine geringe Standardabweichung auf. Ausnahme bildet die Versuchsreihe mit einer Stromstärke 6,2 kA bei 1000 ms die unterhalb der durchschnittlichen 4,0 kN liegt (Abbildung 73).

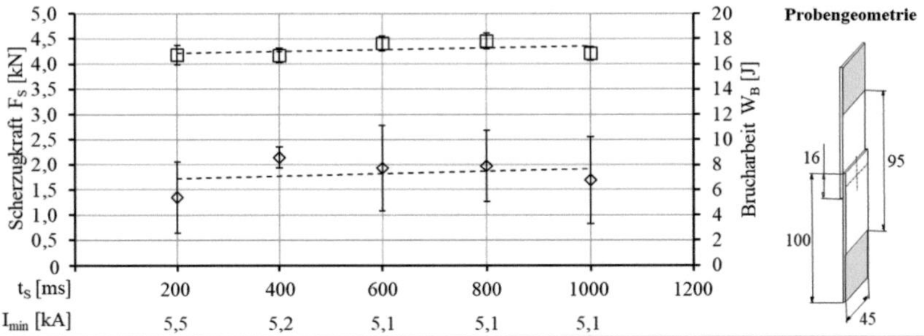

Werkstoffe	Setzparameter	Prüfmethode	Legende
Aluminium EN AW-6016 (T4),	x_K = 0,3 mm	Scherzugversuche	I Standardabw.
t = 2,0 mm	Matrize M70-05	Prüfgeschwindigkeit: 10 mm/min	□ Scherzugkraft
Stahl 22MnB5+AS150,	**Schweißparameter**	Einpunktprobe	◇ Brucharbeit
t = 1,5 mm	F_E = 3,2 kN, I_{min}, t_S	Probenanzahl: je 5	
Stanzelement 35B2+Zn-Sn-Al-OFL			

Abbildung 72: Gegenüberstellung der quasistatischen Scherzugfestigkeiten entlang der minimalen Stromstärke I_{min} des Schweißstrom-Zeit-Bereichsdiagramms

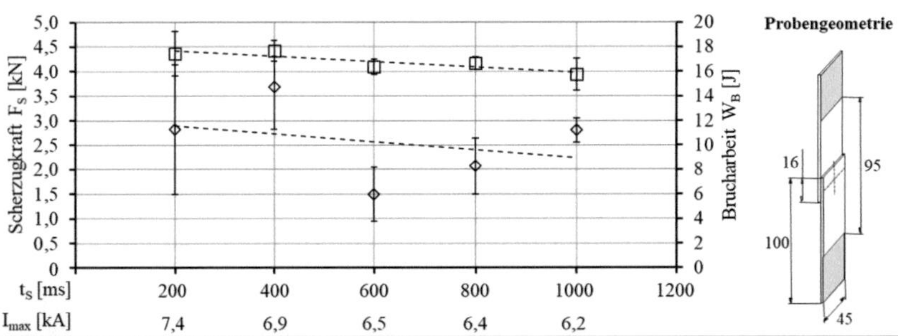

Werkstoffe	Setzparameter	Prüfmethode	Legende
Aluminium EN AW-6016 (T4),	x_K = 0,3 mm	Scherzugversuche	I Standardabw.
t = 2,0 mm	Matrize M70-05	Prüfgeschwindigkeit: 10 mm/min	□ Scherzugkraft
Stahl 22MnB5+AS150,	**Schweißparameter**	Einpunktprobe	◇ Brucharbeit
t = 1,5 mm	F_E = 3,2 kN, I_{max}, t_S	Probenanzahl: je 5	
Stanzelement 35B2+Zn-Sn-Al-OFL			

Abbildung 73: Gegenüberstellung der quasistatischen Scherzugfestigkeiten entlang der maximalen Stromstärke I_{max} des Schweißstrom-Zeit-Bereichsdiagramms

Die Scherzugkräfte entlang der unteren Schweißbereichsgrenze befinden sich auf einem nahezu konstanten Niveau. An der oberen Grenze ist hingegen eine abfallende Tendenz festzustellen. Die Brucharbeiten zeigen gegenüber den Scherzugkräften eine größere Standardabweichung. Auch hier weisen die Versagensschaubilder eine Abhängigkeit von der eingestellten Stromstärke und Schweißzeit auf. An der unteren Schweißbereichsgrenze (I_{min}) versagen die Proben vorwiegend in der stoffschlüssigen Verbindungszone. Es kommt entweder zu einem Linsengrenzbruch (Abbildung 68, A2) oder sogar zu einem Linsenausbruch aus dem Stahlblech (Abbildung 68, A3). Letzteres Bruchbild zeigt sich hauptsächlich bei höheren Schweißzeiten. Das Versagensschaubild stellt einen speziellen Versagensfall dar und ist vergleichbar mit dem Punktschweißen artgleicher Stähle.

Die Abbildung 74 zeigt repräsentativ die Kraft-Weg-Kurven der verschiedenen Versagensschaubilder. Anhand der Verläufe ist zu erkennen, dass bei einem Linsenausbruch (b) ein größerer Verformungsweg gegenüber einem Linsengrenzbruch (a) erreicht werden kann. An der oberen Schweißbereichsgrenze (I_{max}) versagen die Proben vorwiegend durch einen Elementbruch im Schaftbereich (Abbildung 68, B5).

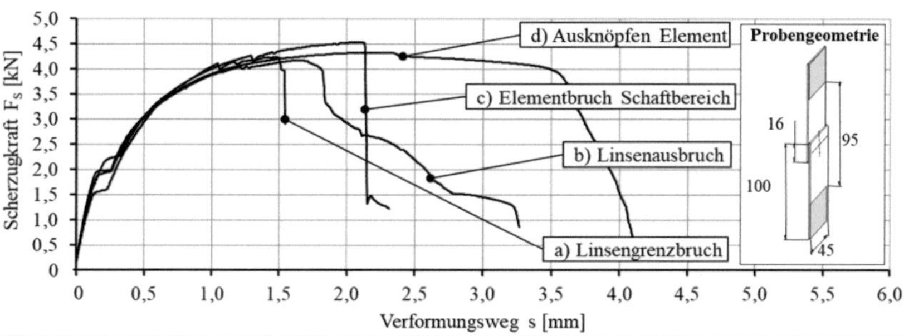

Werkstoffe	Setzparameter	Prüfmethode
Aluminium EN AW-6016 (T4), t = 2,0 mm	x_K = 0,3 mm	Scherzugversuche
Stahl 22MnB5+AS150, t = 1,5 mm	Matrize M70-05	Prüfgeschwindigkeit: 10 mm/min
Stanzelement 35B2+Zn-Sn-Al-OFL	**Schweißparameter**	Einpunktprobe
	a) I_S = 5,5 kA / t_S = 200 ms / F_E = 3,2 kN	Probenanzahl: je 5
	b) I_S = 5,2 kA / t_S = 400 ms / F_E = 3,2 kN	
	c) I_S = 7,4 kA / t_S = 200 ms / F_E = 3,2 kN	
	d) I_S = 6,9 kA / t_S = 400 ms / F_E = 3,2 kN	

Abbildung 74: Vergleich repräsentativer Kraft-Weg-Kurven der unterschiedlichen Versagensschaubilder entlang der unteren und oberen Schweißbereichsgrenze

Hält das Stanzelement die Belastung im Scherzugversuch stand, kommt es zu einem vollständigen Ausknöpfen des Elements aus dem Aluminiumsubstrat. Teilweise wird dabei ein zusätzlicher Materialauszug in Form einer ausgerissenen Fahne mit abgetrennt (Abbildung 68, C6). Parallelen sind hier vom Widerstandsbolzenschweißen bekannt (Kap. 2.2). Die Kraft-Weg-Kurven erreichen bei diesem duktilen Versagensschaubild ein deutlich höherer Verformungsweg (Abbildung 74, d) trotz einer geringeren Maximalkraft. Die unterschiedlichen Versagensfälle sowie die Versagenscharakteristik innerhalb einer Versuchsreihe, wie bspw. bei den Fügeparametern 7,4 kA und 200 ms, führen zu einer hohen Standardabweichung bei den Brucharbeiten.

Schlussfolgerungen

Mithilfe der quasistatischen Scherzugversuche können die mechanisch-technologischen Eigenschaften der Gesamtverbindung ermittelt werden. Innerhalb der Schweißstrom-Zeit-Bereichsgrenzen nehmen die Scherzugkräfte im oberen Stromstärkebereich geringfügig ab. Die Scherzugversuche zeigen eine Abhängigkeit des Versagensschaubildes von der eingestellten Buckelhöhe sowie den Schweißparametern. Sehr geringe und hohe Kopfüberstände führen unter minimaler Wärmezuführung zu einem im Vergleich kleineren Linsendurchmesser, sodass ein Versagen vorwiegend in der stoffschlüssigen Verbindung auftritt. Bei einer Buckelhöhe ab 0,3 bis 0,6 mm ändert sich das Versagensschaubild hin zu einem Elementbruch.

Je nach Ausprägung der Linsengröße und –geometrie kommt es dabei zu einem Abriss des Kopf- oder Schaftbereiches. Unter Verwendung eines Kopfüberstandes von 0,3 mm konnte festgestellt werden, dass eine hohe Wärmeeinbringung tendenziell zu einem Versagen im Aluminiumsubstrat führt. Das Stanzelement kann in diesem Fall vollständig unter Auszug einer Fahne aus dem Blech herausgezogen werden. Die ermittelten Brucharbeiten zeigen unter diesen Randbedingungen eine besonders hohe Standardabweichung. Zusammenfassend können über das Versagensverhalten Rückschlüsse auf der thermischen Belastung im Sekundärprozess getroffen werden. Es sei jedoch anzumerken, dass mit dieser Methode keine Aussage über den direkten Festigkeitseinfluss des Sekundärprozesses auf die Verbindung zwischen Stanzelement und Aluminiumsubstrat möglich ist.

5.3.3 Quasistatische Bolzen-Kopfzugversuche

Bolzen-Kopfzugfestigkeiten in Abhängigkeit der Buckelhöhe

Mithilfe der Bolzen-Kopfzugmethode, welche in Kap. 4.6 entwickelt und validiert wurde, konnte eine Betrachtung der Verbindung zwischen Stanzelement und Aluminiumsubstrat nach dem Primär- sowie Sekundärprozess erfolgen. Die Kopfzugkräfte nach dem Einstanzen des Elements in Abhängigkeit der Buckelhöhe sind in Abbildung 75 dargestellt.

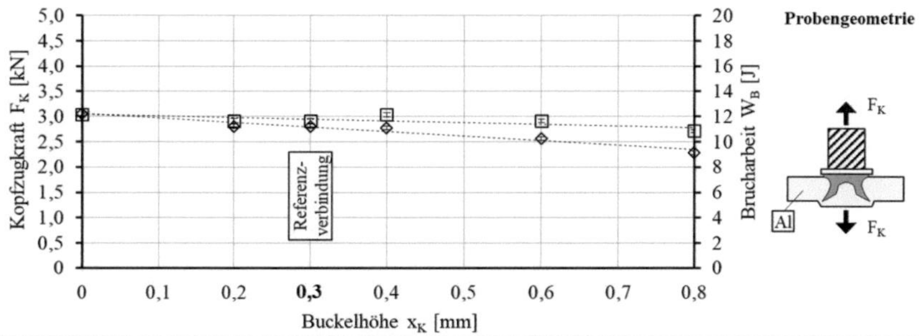

Werkstoffe	Setzparameter	Prüfmethode	Legende
Aluminium EN AW-6016 (T4),	x_K	Bolzen-Kopfzugversuche	I Standardabw.
t = 2,0 mm	Matrize M70-05	Auszugsdurchmesser: d_2 = 20 mm	□ Kopfzugkraft
Stanzelement 35B2+Zn-Sn-Al-OFL		Prüfgeschwindigkeit: 10 mm/min	◇ Brucharbeit
		Einpunktprobe	
		Probenanzahl: je 7	

Abbildung 75: Bolzen-Kopfzugversuche nach dem Primärprozess in Abhängigkeit der Buckelhöhe von 0 bis 0,8 mm

Die Bolzen-Kopfzugversuche nach dem Primärprozess ergaben bis zu einer Buckelhöhe von 0,4 mm ein ähnliches Kraftniveau. Erst ab einem Kopfüberstand von 0,6 mm ist eine Abnahme der Kopfzugkraft und Brucharbeit festzustellen. Bei vollständiger Einbringung des Elements in das Aluminiumsubstrat erreicht die Verbindung eine durchschnittliche Kraft von 3,15±0,10 kN und bei einem Kopfüberstand von 0,8 mm 2,71±0,03 kN. Der Festigkeitsverlust aufgrund der unterschiedlichen Elementeinbringung beträgt somit ca. 0,4 kN. Besonders bei einer Buckelhöhe von 0,8 mm kommt es zu einem verhältnismäßig großen Kraftabfall. Der festigkeitsrelevante Hinterschnitt liegt in diesem eingeprägten Zustand erstmals unter 0,5 mm (Abbildung 60).

Für die Untersuchung der geschweißten Proben wurden eine Stromstärke von 5,5 kA sowie Elektrodenkraft von 3,2 kN bei 200 ms Schweißzeit verwendet. Die Ergebnisse der Bolzen-Kopfzugversuche verdeutlichen, dass eine Reduzierung der Verbindungsfestigkeit durch den Sekundärprozess stattfindet (Abbildung 76). Der Einfluss der Elementeindringtiefe auf die Kopfzugkraft bleibt weiterhin sichtbar, da mit zunehmender Buckelhöhe die Kopfzugkraft abfällt. Alle Versuchsreihen liegen zudem unter 2,8 kN. Damit reduzierte sich das Kraftniveau nahezu konstant um ca. 0,3 kN.

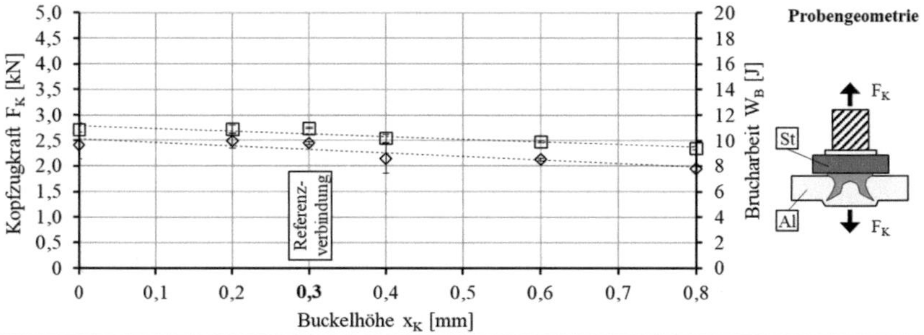

Werkstoffe	Setzparameter	Prüfmethode	Legende
Aluminium EN AW-6016 (T4),	x_K	Bolzen-Kopfzugversuche	I Standardabw.
t = 2,0 mm	Matrize M70-05	Auszugsdurchmesser: d_2 = 20 mm	□ Kopfzugkraft
Stahl 22MnB5+AS150,	**Schweißparameter**	Prüfgeschwindigkeit: 10 mm/min	◇ Brucharbeit
t = 1,5 mm	F_E = 3,2 kN, I_S = 5,5 kA,	Einpunktprobe	
Stanzelement 35B2+Zn-Sn-Al-OFL	t_S = 200 ms	Probenanzahl: je 7	

Abbildung 76: Bolzen-Kopfzugversuche nach dem Sekundärprozess in Abhängigkeit der Buckelhöhe von 0 bis 0,8 mm

Hinsichtlich des Versagensverhaltens war bei allen Proben ohne thermische Einwirkung ein vollständiges Herausziehen des Stanzelements aus dem Aluminiumsubstrat möglich (Abbildung 28). Nach dem Sekundärprozess ist bei einigen Proben zusätzlich eine Beschädigung im Fußbereich des Fügehilfselements festzustellen (Abbildung 77). Dieser Elementbruch hatte wiederum Auswirkungen auf die Brucharbeit, sodass bei einigen Versuchsreihen eine größere Standardabweichung vorlag.

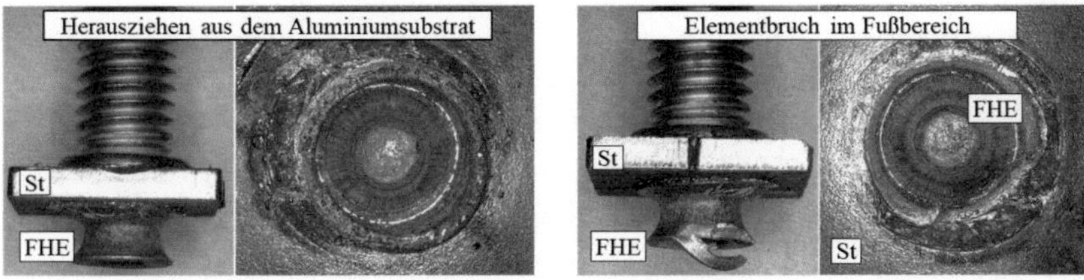

Abbildung 77: Repräsentatives Versagensschaubild nach dem Sekundärprozess eines unbeschädigten Stanzelements (links) und einem unsymmetrischen Bruch im Elementfuß (rechts)

Das Auftreten von Materialschädigungen im Stanzelement nimmt mit steigender Buckelhöhe ab. Bei einer vollständigen Elementeinbringung ($x_K = 0$ mm) kommt es nach dem Sekundärprozess bei sechs von sieben Versuchsproben zum Bruch im Elementfuß. Bei einem Kopfüberstand von 0,2 mm weisen nur drei und bei einer Buckelhöhe von 0,4 mm nur noch eine von sieben Proben dieses Versagensschaubild auf. Demnach führt eine hohe Elementumformung zu einer häufiger auftretenden Beschädigung des Stanzelements.

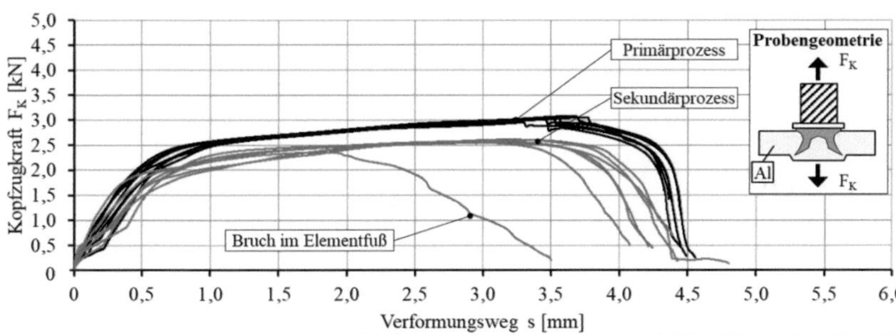

Werkstoffe	**Setzparameter**	**Prüfmethode**
Aluminium EN AW-6016 (T4),	$x_K = 0,4$ mm	Bolzen-Kopfzugversuche
t = 2,0 mm	Matrize M70-05	Prüfgeschwindigkeit: 10 mm/min
Stahl 22MnB5+AS150,	**Schweißparameter**	Einpunktprobe
t = 1,5 mm	$F_E = 3,2$ kN / $I_S = 5,5$ kA / $t_S = 200$ ms	Probenanzahl: je 7
Stanzelement 35B2+Zn-Sn-Al-OFL		

Abbildung 78: Kraft-Weg-Kurven der Bolzen-Kopfzugversuche nach dem Primär- und Sekundärprozess bei einer Buckelhöhe von 0,4 mm

Die Abbildung 78 zeigt anschaulich bei einer Buckelhöhe von 0,4 mm, dass durch die thermische Belastung im Sekundärprozess größere Abweichungen im Kurvenverlauf auftreten. Auch der Bruch im Elementfuß ist durch einen abweichenden Kurvenverlauf gekennzeichnet. Die Kraft-Weg-Kurven nach dem Primärprozess weisen hingegen eine höhere Homogenität auf. Anhand der Kurven sind damit die größeren Standardabweichungen der Brucharbeiten bei nahezu gleichbleibenden Kopfzugkräften zu erklären.

Bolzen-Kopfzugfestigkeiten in Abhängigkeit der Stromstärke

Die Scherzugversuche aus Kap. 5.3.2 weisen eine Abhängigkeit der Verbindungsfestigkeit sowie der Versagensschaubilder von den Schweißparametern auf. Mithilfe der Bolzen-Kopfzugversuche wurden deshalb zunächst die Festigkeiten bei einer zunehmenden Stromstärke von 5,5 bis 7,4 kA ermittelt. Die Parameter lagen innerhalb der ermittelten Schweißbereichsgrenzen (Abbildung 38). Die Schweißzeit und die Buckelhöhe blieben konstant bei 200 ms sowie 0,3 mm, sodass eine Vergleichbarkeit mit der Referenzverbindung möglich war. Als Referenzgröße wurde die Verbindungsfestigkeit nach dem Primärprozess ohne thermische Einwirkung ebenfalls mit angegeben. Allgemein zeigt die Abbildung 79 eine Verminderung der Kopfzugfestigkeit durch die thermische Einwirkung gegenüber der ungeschweißten Referenzreihe. In Makroschliffen konnte bei zunehmender Stromstärke ein größerer Schweißlinsendurchmesser ermittelt werden (Abbildung 57). Bei konstanter Schweißzeit wächst dieser von ca. 3,2 bis 4,0 mm an. Damit einhergehend zeigt sich eine Reduzierung der Kopfzugkraft und Brucharbeit mit zunehmender Stromstärke.

Die Proben versagen dennoch alle durch ein vollständiges Herausziehen des Stanzelements aus dem Aluminiumsubstrat. Teilweise treten, wie in den vorherigen Kopfzugversuchen (Abbildung 77, rechts) leichte Beschädigungen im Fußbereich auf. Die höchsten Kopfzugkräfte und Brucharbeiten von ca. 2,75±0,02 kN sowie 9,79±0,11 J werden bei der geringsten Stromstärke von 5,5 kA erreicht. Ab einem Wert von 6,5 kA liegt die durchschnittliche Kopfzugkraft unter 2,69±0,089 kN und ab 7,4 kA ms vermindert sich diese sogar auf ca. 2,60±0,14 kN. Die Brucharbeit fällt bis auf ca. 8,37±0,53 J ab. Zusammenfassend findet bei einer konstanten Schweißzeit von 200 ms durch eine Erhöhung der Stromstärke eine Minderung der Kopfzugfestigkeit statt.

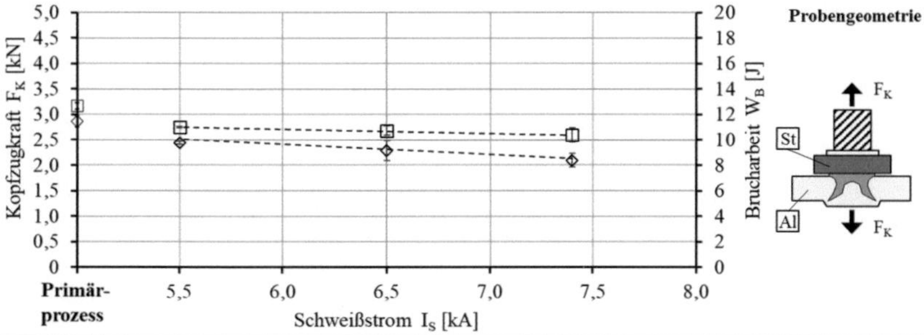

Werkstoffe	Setzparameter	Prüfmethode	Legende
Aluminium EN AW-6016 (T4),	x_K = 0,3 mm	Bolzen-Kopfzugversuche	I Standardabw.
t = 2,0 mm	Matrize M70-05	Auszugsdurchmesser: d_2 = 20 mm	□ Kopfzugkraft
Stahl 22MnB5+AS150,	**Schweißparameter**	Prüfgeschwindigkeit: 10 mm/min	◇ Bruchabeit
t = 1,5 mm	F_E = 3,2 kN, I_S,	Einpunktprobe	
Stanzelement 35B2+Zn-Sn-Al-OFL	t_S = 200 ms	Probenanzahl: je 7	

Abbildung 79: Bolzen-Kopfzugversuche nach dem Sekundärprozess in Abhängigkeit der Stromstärke von 5,5 bis 7,4 kA

Bolzen-Kopfzugfestigkeiten in Abhängigkeit der Schweißzeit

Im nächsten Schritt wurde bei konstanter Stromstärke die Schweißzeit von 200 bis auf 800 ms schrittweise erhöht (Abbildung 80). Damit lagen die Schweißparameter ebenfalls innerhalb der Schweißbereichsgrenzen. Die Buckelhöhe blieb weiterhin bei 0,3 mm. Für die Schweißversuche wurde eine konstante Stromstärke von 6,5 kA bei einer Elektrodenkraft von 3,2 kN verwendet. Gegenüber der Referenzverbindung nach dem Primärprozess ist nach dem Schweißen eine Abhängigkeit der Schweißzeit festzustellen. Bei Erhöhung der Schweißzeit nimmt die Kopfzugkraft von ursprünglich ca. 2,69±0,09 kN bei 200 ms bis unter 2,37±0,03 kN bei 800 ms ab. Auch die Brucharbeiten reduzieren sich ebenfalls von 9,79±0,11 J bis auf 8,14±0,29 J. Das Versagen der Proben ist durch ein vollständiges Herausziehen des Stanzelements aus dem Aluminiumsubstrat mit teilweiser Beschädigung gekennzeichnet.

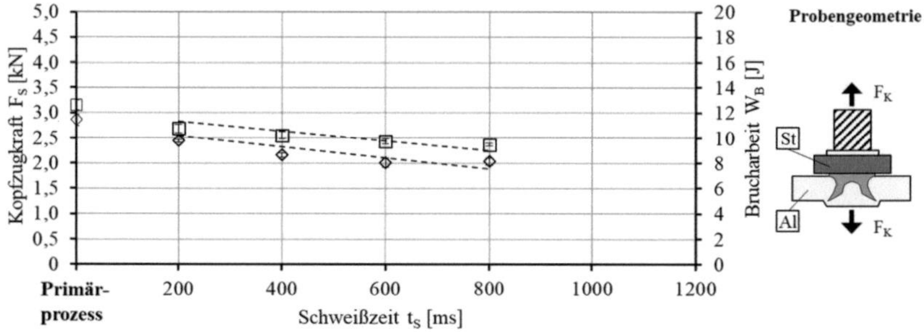

Werkstoffe	Setzparameter	Prüfmethode	Legende
Aluminium EN AW-6016 (T4),	x_K = 0,3 mm	Bolzen-Kopfzugversuche	I Standardabw.
t = 2,0 mm	Matrize M70-05	Auszugsdurchmesser: d_2 = 20 mm	□ Kopfzugkraft
Stahl 22MnB5+AS150,	**Schweißparameter**	Prüfgeschwindigkeit: 10 mm/min	◇ Brucharbeit
t = 1,5 mm	F_E = 3,2 kN, I_S = 6,5 kA	Einpunktprobe	
Stanzelement 35B2-Zn-Sn-Al-OFL	t_S	Probenanzahl: je 7	

Abbildung 80: Bolzen-Kopfzugversuche nach dem Sekundärprozess in Abhängigkeit der Schweißzeit von 200 bis 800 ms

Schlussfolgerungen

Die Bolzen-Kopfzugversuche nach dem Primärprozess zeigen einen wesentlichen Einfluss der Buckelhöhe auf die Kopfzugkräfte. Eine Verringerung des Hinterschnitts unter 0,5 mm hat eine Reduzierung der Maximalkraft von 0,4 kN zur Folge (Abbildung 75, x_K = 0,8 mm). Weiterhin kann nachgewiesen werden, dass der Sekundärprozess bei allen Buckelhöhen zu einer Reduzierung der Verbindungfestigkeit führt. Das Versagensschaubild ist durch ein Ausreißen des Elements aus dem Aluminiumsubstrat gekennzeichnet. Gelegentlich kommt es dabei zu einer Beschädigung im Fußbereich. Diese tritt mit abnehmender Buckelhöhe häufiger auf. Damit ist nachgewiesen, dass die im Primärprozess hervorgerufene Elementumformung einen wesentlichen Einfluss auf das Versagensverhalten hat. Weiterhin zeigen die Bolzen-Kopfzugversuche in Abhängigkeit der Schweißparameter eine Abnahme der Kopfzugkraft und Brucharbeit mit zunehmender Schweißzeit sowie Stromstärke. Schlussfolgernd ist eine geringe Wärmeeinbringung für das Widerstandspunktschweißen mit Stanzelement anzustreben, da diese zu einer höheren Kopfzugkraft führt.

5.4 Auswirkungen der Fügeprozesse auf das Aluminiumsubstrat

5.4.1 Ermittlung von Werkstoffeigenschaften

Härteverläufe

Das Gefüge des Stanzelements besteht nach dem Kaltstauch- und Wärmebehandlungsprozess laut Angaben des Herstellers aus einem angelassenen Martensit. Die Härte des Grundmaterials liegt homogen verteilt bei 407±18 HV1 und nach dem Primärprozess bei 403±12 HV1. Um den Einfluss der einzelnen Prozessschritte auf das Aluminiumsubstrat zu untersuchen, wurden die Ergebnisse der durchschnittlich ermittelten Härtewerte der einzelnen Versuchsreihen gegenübergestellt (Abbildung 81).

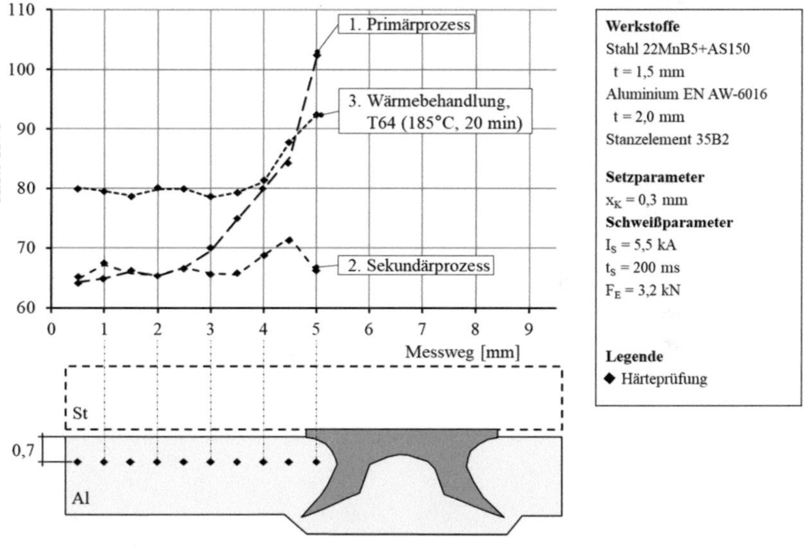

Abbildung 81: Repräsentative Härteverläufe am Aluminiumsubstrat nach den einzelnen Prozessschritten (Prüfung)

Die Härteprüfung deutet auf eine Aufhärtung nach dem Primärprozess hin. Durch das Einbringen des Stanzelements steigt die Härte des Grundwerkstoffs von ca. 65±5 HV1 bis auf 102±5 HV1 an. Eine Aufhärtung kann bis zu einem Abstand von 3,0 mm vom Element aus nachgewiesen werden.

Während des Sekundärprozesses ergibt die Härteprüfung eine Abnahme der Härte bis auf unter 70±6 HV1. Mit zunehmender Entfernung vom Elementschaft fällt diese bis auf die ursprünglichen Werte des Grundmaterials ab. Der leichte Anstieg der Materialhärte zum Element hin lässt darauf hindeuten, dass die entstandene Aufhärtung im Primärprozess durch die thermische Belastung im Sekundärprozess nicht vollständig aufgehoben wird. Besonders die nachträgliche Wärmebehandlung der Verbindung trägt dieses Ergebnis. Denn neben einer erwarteten Erhöhung der Grundwerkstoffhärte nehmen die elementnahen Bereiche das Niveau wie nach dem Primärprozess mit Härtewerte bis über 90±8 HV1 an.

Flächenhafte Härteprüfung am Aluminiumsubstrat und Betrachtung der Gefügestruktur

Die Bestimmung der Härte wurde nach dem Primär- und Sekundärprozess sowie nach einer zusätzlichen Wärmebehandlung durchgeführt. Um die Auswirkungen des Primärprozesses zu untersuchen, wurde das Einstanzen des Stanzelements bei unterschiedlichen Buckelhöhen abgebrochen. Anschließend erfolgte eine flächenhafte Prüfung der Härte im Aluminiumsubstrat (Abbildung 82).

Im unbehandelten Zustand T4 kann wie beim vorherigen Härteverlauf eine Härte von 65±4 HV1 im Aluminiumsubstrat bestimmt werden. Nach dem Primärprozess ist entlang des Elementfußes eine Aufhärtung über 45 HV1 festzustellen, was eine Steigerung von ca. 70 % entspricht. Mit zunehmender Eindringtiefe vergrößert sich der kaltverformte Bereich im Aluminiumsubstrat. Bei Betrachtung der Textur in Abbildung 83 (Primär) zeigt sich eine Kornverformung. Im Vergleich zum Grundgefüge ist eine Verdichtung der Struktur entlang des gesamten Elementschafts festzustellen.

Auch unterhalb des Elementkopfes kommt es zur Aufreihung von Korngrenzen, welche im Schließkopfbereich zunehmen. Die aufgestaute Textur und die hohen Materialhärten sind in Kombination ein Ausdruck einer hohen Kaltverfestigung. Nach dem Stand der Technik zu Folge ist davon auszugehen, dass das Aluminiumsubstrat aufgrund des Primärprozesses eine hohe Versetzungsdichte aufweist. Die kaltverfestigte Zone verläuft entlang des gesamten Elementschafts und ist ein Indiz hoher Spannungen.

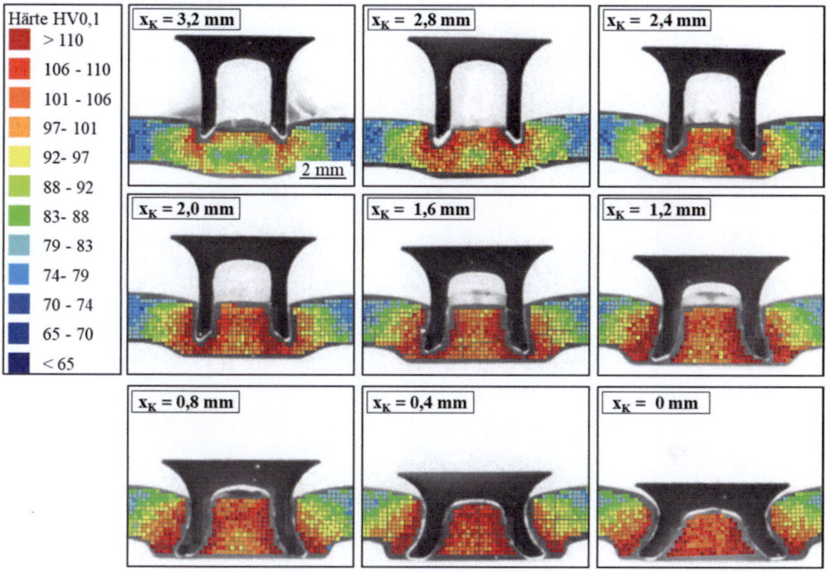

Abbildung 82: Flächenhafte Bestimmung der Härte am Aluminiumsubstrat nach dem Primärprozess bei unterschiedlichen Buckelhöhen

Die Härteprüfung in Abbildung 84 zeigt den zeitlichen Entfestigungsvorgang während des Sekundärprozesses. Nach 75 ms sind im Aluminiumsubstrat ausreichend hohe Temperaturen vorhanden, um die Materialhärte unterhalb des Elementkopfes wieder auf Grundwerkstoffniveau zu reduzieren. In der fortlaufenden Schweißzeit vergrößert sich der thermisch beeinflusste Bereich im Aluminium. Nach dem Schweißprozess bleiben punktuelle Bereiche um den Elementfuß unbeeinflusst. Das bedeutet, dass dort die erzielte Wärme nicht ausreichte, um eine vollständige Entfestigung des Materials hervorzurufen. Die experimentell ermittelten Temperaturen (Abbildung 29) und die FEM-Simulation (Abbildung 43) zeigen in diesen Bereichen zugleich die geringsten Werte innerhalb der gesamten Verbindung. Die Textur nach dem Sekundärprozess in Abbildung 83 (sekundär) zeigt eine nicht so stark ausgeprägte Verzerrung als vor dem Schweißprozess. Besonders unterhalb des Elementkopfes ist diese homogen ausgebildet. Hingegen sind im unteren Bereich des Aluminiumsubstrats und entlang der Elementfüße noch Spuren einer Kornverformung sichtbar.

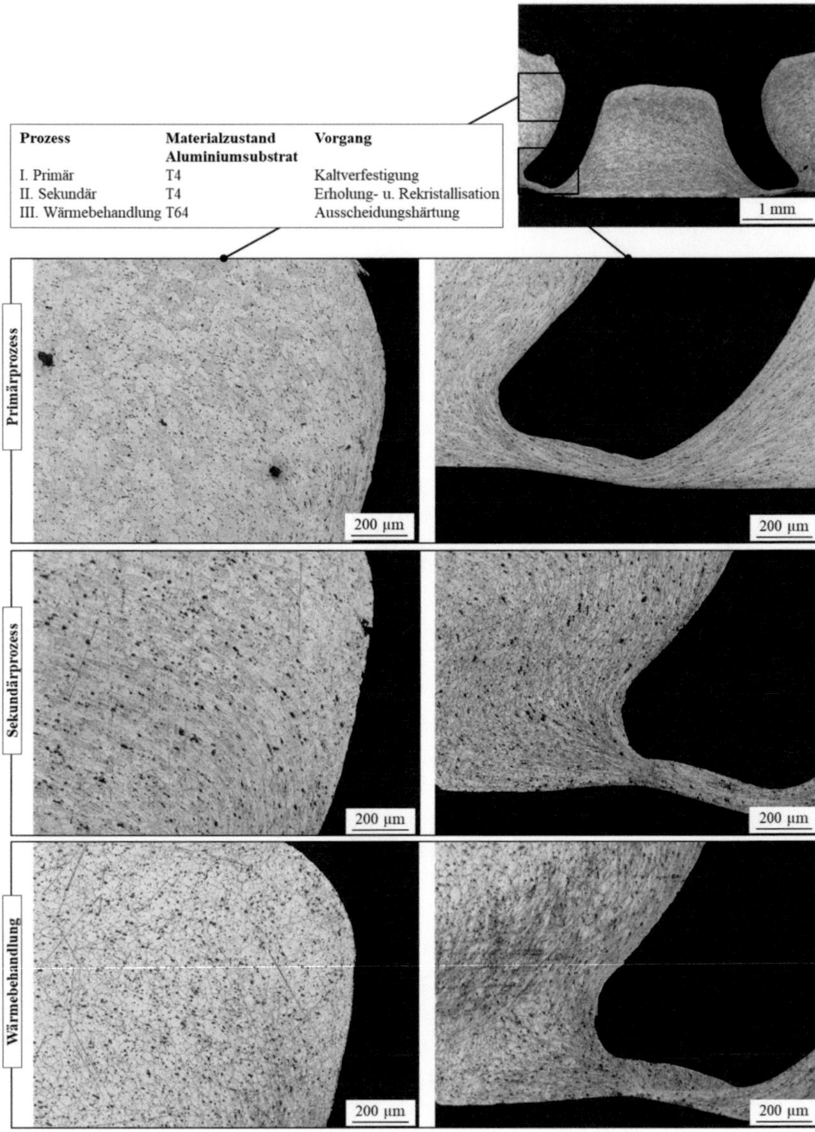

Abbildung 83: Änderung der Textur im Aluminiumsubstrat nach dem Primär- und Sekundärprozess sowie nach einer zusätzlichen Wärmebehandlung (Darstellung repräsentativ)

In der Prozesssimulation und in den experimentellen Untersuchungen zeigen sich Aufschmelzungen im Aluminiummaterial unterhalb des Elementkopfes. Zusätzlich wurden mithilfe von Thermoelementen Temperaturen von ca. 140 °C in unmittelbarer Nähe zum Schließkopf gemessen (vgl. Abbildung 29). Es ist deshalb davon auszugehen, dass im Material während des Sekundärprozesses Erholungs- und Rekristallisationsvorgänge stattfinden. Wobei Letztere insbesondere an Bereichen vorzufinden sind, wo eine hohe Kaltverfestigung vor dem Schweißprozess vorliegt. Die lokal begrenzten Zonen mit erhöhter Verzerrung der Textur begünstigen damit eine Kornneubildung. Die notwendige thermische Aktivierung erfolgt dann durch den Sekundärprozess. Der nachgewiesene Festigkeitsabfall durch den Sekundärprozess wird demnach hauptsächlich durch die Entfestigungsvorgänge im Aluminium hervorgerufen.

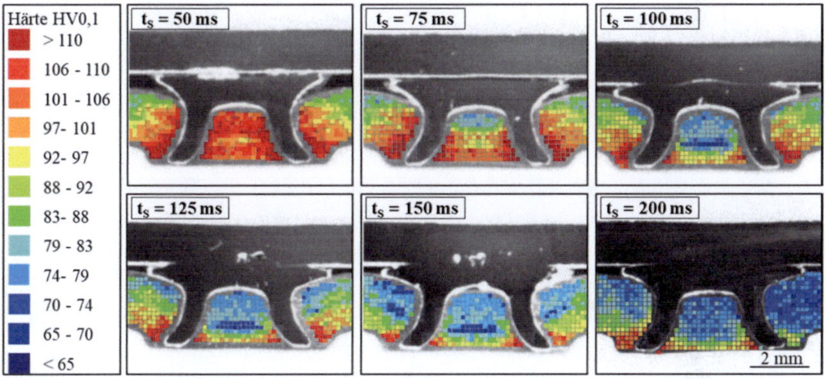

Abbildung 84: Flächenhafte Bestimmung der Härte am Aluminiumsubstrat nach dem Sekundärprozess bei unterschiedlichen Schweißzeiten von 50 bis 200 ms

Bei Betrachtung der Schweißlinsenbildung zeigte sich die Stromstärke als dominierende Einflussgröße auf das Linsenwachstum (siehe Abbildung 57). Deshalb ist anzunehmen, dass der thermisch beeinflusste Bereich im Aluminiumsubstrat durch die Anpassung der Schweißparameter vergrößert wird. Die Abbildung 85 bestätigt diese Vermutung und zeigt, dass mit zunehmender Stromstärke die Temperaturen ebenfalls steigen und zu einem größeren entfestigten Bereich führen. Demnach kann der Festigkeitsunterschied vor und nach Sekundärprozess in den Scher- und Bolzen-Kopfzugversuchen auf die Änderung der Materialeigenschaften im Aluminium zurückgeführt werden.

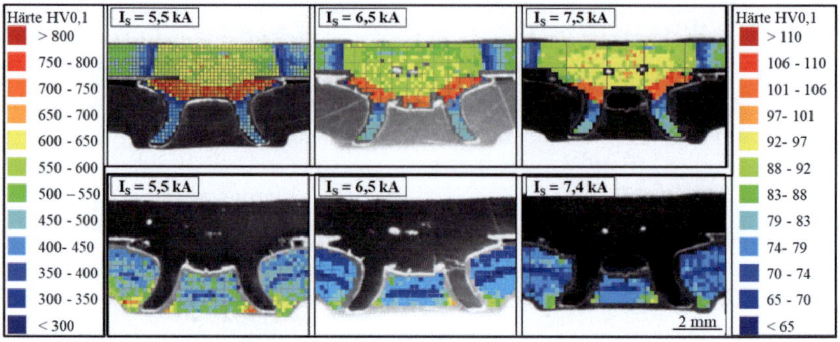

Abbildung 85: Flächenhafte Bestimmung der Härte am Aluminiumsubstrat, Stanzelement und Stahlblech nach dem Sekundärprozess bei den Stromstärken 5,5; 6,5 sowie 7,4 kA bei 200 ms

Von aushärtbaren Knetlegierungen ist bekannt, dass eine Steigerung der Werkstofffestigkeit durch gezielte Wärmebehandlung erreicht werden kann. Der Vorgang wird als Ausscheidungshärtung bezeichnet. Für die Erzeugung eines teilwarmausgelagerten Zustands T64 sind Temperaturen von 185 °C bei einer Ofenzeit von 20 Minuten notwendig.

Die Werkstoffhärte des Grundmaterials kann durch die Wärmebehandlung um ca. 20 HV0,1 gesteigert werden. Die Härteprüfung nach dem Primär- und Sekundärprozess in Abbildung 86 zeigt zudem, dass sich der Bereich der maximalen Aufhärtung nach der Wärmebehandlung nicht weiter vergrößert. Das Grundgefüge sowie die weniger verfestigten Zonen erfahren dennoch eine Härtesteigerung durch weitere Ausscheidungsvorgänge. Dabei ist zu erkennen, dass eine Abhängigkeit zwischen der Aufhärtung und dem Verformungszustand vorliegt. Im Grundwerkstoff führen die Ausscheidungsprozesse durch die Wärmebehandlung zu einer Steigerung der Härte von ca. 20 HV0,1. Mit Annäherung zum Stanzelement nehmen die Verformung und der maximale Härtewert zu.

Das Ergebnis der Ausscheidungshärtung nach dem Sekundärprozess kann über die Härteprüfung sichtbar gemacht werden (Abbildung 86). Die lokale Aufhärtung resultiert aus der im Primärprozess stattfindenden Kaltverfestigung sowie den Erholungs- und Rekristallisationsvorgängen nach dem Schweißen. Das ist daran zu erkennen, dass zum einen die nicht vollständig entfestigten Bereiche um den Elementfuß eine Härtesteigerung aufweisen. Zum anderen bilden sich Zonen höherer Härte in kreisförmigen Bahnen um den Kopfbereich des Stanzelements aus, welche mit zunehmendem Abstand vom Schweißlinsenzentrum zunehmen. Weiterhin liegt die Härtesteigerung über denjenigen Werten einer konventionellen Wärmebehandlung. Daraus lässt sich schließen, dass die thermische Belastung im Schweißprozess zwar zu einer Entfestigung führt, diese aber mit zunehmendem Abstand zum Wärmezentrum die Voraussetzung einer erneuten Härtesteigerung durch eine nachträgliche Wärmebehandlung bildet.

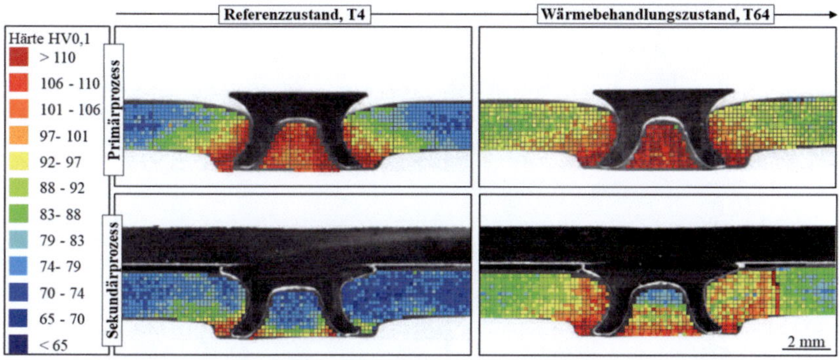

Abbildung 86: Flächenhafte Bestimmung der Härte am Aluminiumsubstrat nach dem Primär- und Sekundärprozess im Zustand T4 und T64

Einfluss einer nachträglichen Wärmebehandlung auf die Kopfzugfestigkeit

Um weitere Erkenntnisse zu erlangen, welchen Einfluss die nachträgliche Wärmebehandlung auf die Verbindungsfestigkeit hat, wurden Bolzen-Kopfzugversuche nach dem Primär- sowie Sekundärprozess im T4 und anschließend jeweils im T64-Zustand analysiert. Die Schweißstromstärke für den Schweißprozess betrug 5,5 kA. Die Elektrodenkraft von 3,2 kN bei einer Schweißzeit von 200 ms wurde ebenfalls beibehalten.

Die Gegenüberstellung der Kopfzugkräfte und Brucharbeiten ist in Abbildung 87 dargestellt. Die Bolzen-Kopfzugversuche zeigen, dass eine zusätzliche Warmauslagerung nach dem Primärprozess (Primär, T64) zu einer geringfügigen Zunahme der Kopfzugkraft führt. Diese Kraftzunahme liegt aber im Schwankungsbereich der Referenzverbindung (Primär, T4) und ist damit vernachlässigbar. Gleiches gilt für die Brucharbeit. Beide Versuchsreihen (Primär, T4 und T64) versagen durch das vollständige Herausziehen des Stanzelements aus dem Aluminiumsubstrat.

Mithilfe der Bolzen-Kopfzugversuche kann weiterhin nachgewiesen werden, dass eine zusätzliche Warmauslagerung auch nach dem Sekundärprozess zu einer Zunahme der durchschnittlichen Kopfzugkraft führt (Abbildung 87, Sekundär, T64). Diese liegt jedoch nicht nur geringfügig über der im T4-Zustand ermittelten Kraft (Sekundär, T4), sondern weist ein vergleichbares Niveau wie vor dem Schweißprozess (Primär T4) auf. Ein Unterschied zeigt sich lediglich in der Standardabweichung für die Kopfzugkraft sowie Brucharbeit. Die Ursache ist bei Betrachtung der Fügepunkte nach den Zugversuchen zu finden. Vier von zehn Proben weisen eine Beschädigung im Fußbereich auf. Im Gegensatz zu den geschweißten aber nicht wärmebehandelten Proben (Sekundär, T4) ist die Häufigkeit eines auftretenden Bruches (1 von 10) damit höher.

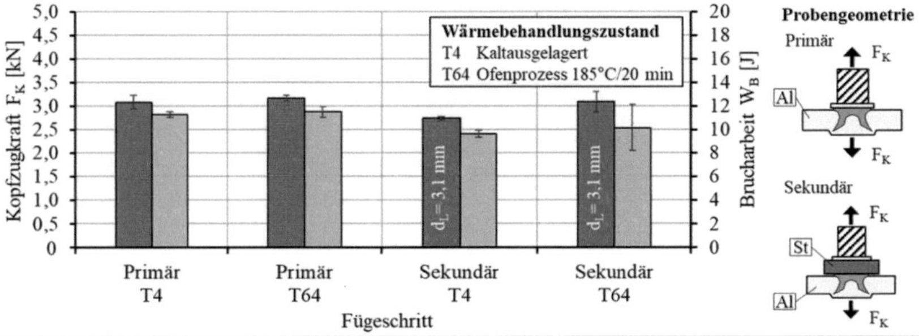

Werkstoffe	Setzparameter	Prüfmethode	Legende
Aluminium EN AW-6016 (T4),	x_K = 0,3 mm	Bolzen-Kopfzugversuche	I Standardabw.
t = 2,0 mm	Matrize M70-05	Auszugsdurchmesser: d_2 = 20 mm	■ Kopfzugkraft
Stahl 22MnB5+AS150,	**Schweißparameter**	Prüfgeschwindigkeit: 10 mm/min	■ Brucharbeit
t = 1,5 mm	F_E = 3,2 kN, I_S = 5,5 kA,	Einpunktprobe	d_L Ø-Schweißlinse
Stanzelement 35B2+Zn-Sn-Al-OFL	t_S = 200 ms	Probenanzahl: je 7	

Abbildung 87: Bolzen-Kopfzugversuche nach den einzelnen Prozessschritten

5.4.2 Einfluss des Verformungszustandes, Nachweis anhand eines Analogiemodells

Im Aluminiumsubstrat kommt es zum einen durch den Primärprozess zu einer Kornverformung und Verdichtung der Struktur. Zum anderen nehmen im Sekundärprozess die Temperaturen mit zunehmendem Abstand vom Schweißlinsenzentrum ab. Ersteres führt zu hohen Gitterfehlern, welche die Diffusion von Eigen- und Fremdatome begünstigen. Die Buckelhöhe kennzeichnet dabei die unterschiedlichen Verformungszustände im

Aluminiumsubstrat. Eine geringere Temperatur führt darüber hinaus zur Herabsetzung der Erholungs- und Rekristallisationsvorgänge. Aus diesem Grund wurde im nächsten Schritt eine flächenhafte Prüfung der Härte des gesamten Aluminiumsubstrats zu den jeweiligen Prozessschritten in Abhängigkeit der Buckelhöhe durchgeführt (Abbildung 88).

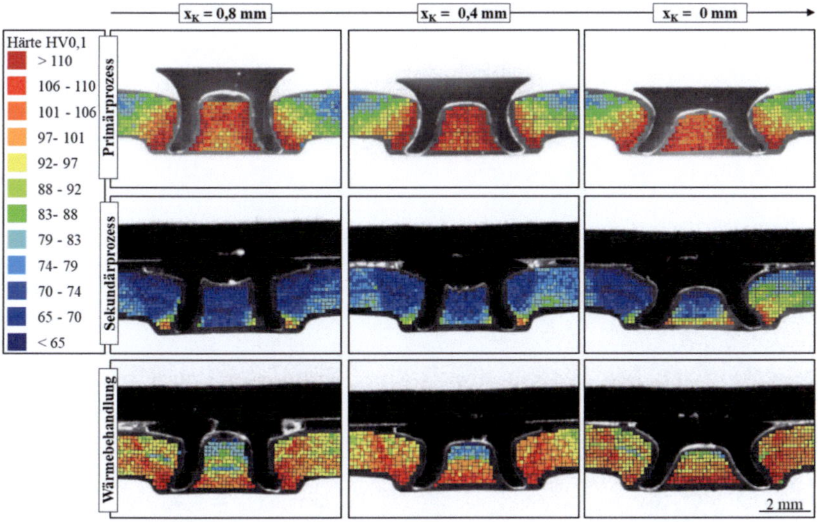

Abbildung 88: Flächenhafte Bestimmung der Härte am Aluminiumsubstrat bei den Buckelhöhen 0; 0,4 und 0,8 mm nach verschiedenen Prozessschritten

Die Abbildung 88 zeigt eine Gegenüberstellung einzelner Härteprüfungen am Aluminiumsubstrat nach den jeweiligen Prozessschritten in Abhängigkeit der Buckelhöhe. Mit zunehmender Einbringung des Elements nehmen die Bereiche maximaler Härte zu. In Abbildung 83 ist in diesem Bereich lokal eine hohe Verzerrung der Textur festzustellen. Es ist also davon auszugehen, dass diese mit kleiner werdender Buckelhöhe ebenfalls zunimmt.

Nach dem Schweißprozess sind Bereiche vorhanden, die nur eine teilweise Entfestigung aufzeigen. Darüber hinaus ist eine Abhängigkeit von der Buckelhöhe zu erkennen, da die Fläche dieser Zonen im unteren Aluminiumsubstrat mit kleinerem Kopfüberstand zunimmt. Die nachträgliche Wärmebehandlung führt zur Ausscheidungshärtung der Verbindung. Unterhalb des Elementkopfes, bei einer Buckelhöhe von 0,8 mm, findet nur eine geringfügige Steigerung der Härte statt.

Mit Abnahme der Elementkopfendlage bis auf nahezu 0 mm reduziert sich dieser Bereich. Infolgedessen müsste eine zunehmende Verformung die Ausscheidungshärtung unterstützten. Diese Vorgänge deuten darauf hin, dass eine Abhängigkeit des Ausscheidungsprozesses von der im Primärprozess stattfindenden Kaltverfestigung vorliegt. Um diesen Zusammenhang nachzuweisen, wurde ein zusätzliches Analogiemodell aufgebaut. Für das Modell sind Blechstreifen mit einer Abmessung von 30 mm x 70 mm aus der verwendeten Aluminiumlegierung mit den definierten Biegewinkeln von 45°, 90°, 135° und 180° hergestellt worden. Diese Zustände stellen die unterschiedlichen Verformungszustände im Primärprozess dar. Im nächsten Schritt erfolgte eine Wärmebehandlung bei 185 °C für 20 min. Die Durchführung des Sekundärprozesses konnte im Modell vernachlässigt werden, da die Untersuchung der Ausscheidungshärtung in Abhängigkeit des Verformungsgrads im Vordergrund stand (Abbildung 89).

Die Gegenüberstellung der Härteprüfung anhand des Analogiemodells in Abbildung 89 bestätigt den Einfluss des Umformgrades auf die Ausscheidungshärtung. Die Härtewerte in den stark umgeformten Bereichen übersteigen deutlich die einer reinen Aluminiumlegierung im T64-Zustand. Da beim Widerstandspunktschweißen mit Stanzelement ein vergleichbares Ergebnis vorliegt, ist davon auszugehen, dass durch die Erholung- und Rekristallisationsvorgänge im Schweißprozess, zwar eine Entfestigung der Verbindung entsteht, aber dennoch die Voraussetzung für eine erneute Werkstoffverfestigung erhalten bleibt.

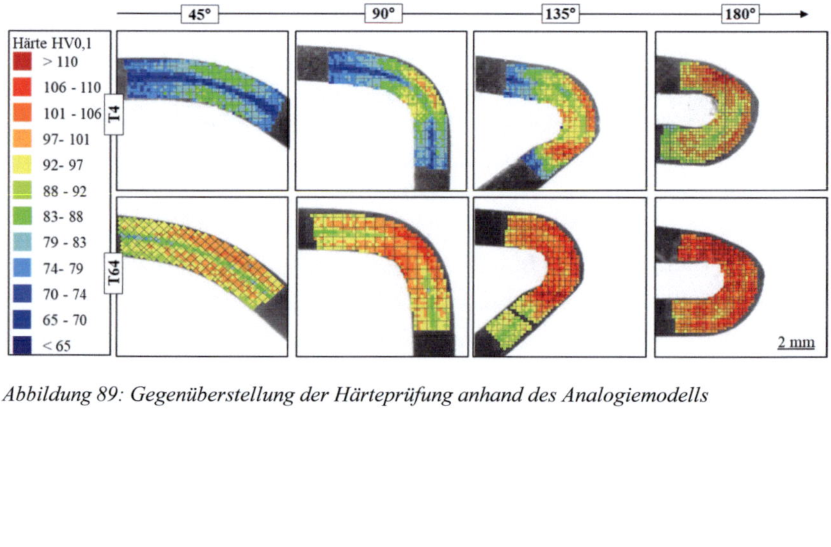

Abbildung 89: Gegenüberstellung der Härteprüfung anhand des Analogiemodells

Die Steigerung der Härtewerte über den T64-Zustand wird also dadurch begünstigt, dass besonders im unteren Bereich des Aluminiumsubstrats eine hohe Verzerrung der Textur im Primärprozess stattfindet. Die damit einhergehenden höheren Gitterfehler begünstigen die Diffusionsvorgänge während der Warmauslagerung, sodass vermehrt Ausscheidungen möglich sind. Insgesamt reicht diese lokale Aufhärtung aus, um die ursprüngliche Verbindungsfestigkeit vor dem Sekundärprozess zu erreichen. Aufgrund der Verfestigungsstruktur, welche unregelmäßiger ist als bei einer Kaltverfestigung, liegt jedoch eine höhere Schwankungsbreite der Kopfzugkraft und Brucharbeit vor.

5.4.3 Phasenbildung in der Element-Aluminium-Verbindungsebene

Beim Widerstandspunktschweißen von Aluminium-Stahl-Verbindungen kommt es zur Ausbildung von intermetallischen Phasen und Überstrukturen vom Typ Fe_xAl_y. Voraussetzung ist eine ausreichende Haltezeit von mindestens 250 ms der notwendigen Temperaturen von 350 °C für $FeAl_3$- und 500 °C für Fe_2Al_5-Phasen. Beim Widerstandspunktschweißen mit Stanzelement findet kein direkter Schweißprozess zwischen Aluminium und Stahl statt. Stattdessen kommt es zur Erwärmung der Werkstoffe durch Wärmeleitung. Die Schweißzeit selbst kann zwischen 200 ms und 1000 ms betragen (Abbildung 38). Nach den Temperatur-Zeit-Verläufen an der unteren Schweißbereichsgrenze (Abbildung 45) zufolge, werden die kritischen Temperaturen von 350 °C über 250 ms gehalten (Pos. 1).

Auch außerhalb des Elementschafts wird die notwendige Haltezeit mit ca. 220 ms nur knapp unterschritten (Pos. 3). Zudem kommt es im Sekundärprozess zu Aufschmelzungen im Aluminiumsubstrat unterhalb des Elementkopfes (vgl. Abbildung 40, 200 ms und Abbildung 43, 200 ms). Um eine mögliche Phasenbildung nachzuprüfen, erfolgte eine REM-Untersuchung an Makroschliffen. Dazu wurden ausgehend von den bisher verwendeten Schweißparametern mit einer Stromstärke von 5,5 kA und einer Elektrodenkraft von 3,2 kN die Schweißzeit zusätzlich um jeweils 200 ms bis auf 1000 ms erhöht.

Die Element-Aluminium-Verbindungsebene weist nach dem Sekundärprozess Materialtrennungen vorwiegend im Elementkopf und am oberen Schaftbereich auf. In den Anrissen kommt es teilweise zur Anlagerung von Al-Fe-Zn-Sn-Oxiden (vgl. Abbildung 90, Bereich A). Unterhalb des Elementkopfes, wo auch die höchsten Temperaturen sowie

Aufschmelzungen im Aluminiumsubstrat mithilfe der Prozesssimulation für den Schweißprozess detektiert wurden, bildet sich eine 10 bis 20 µm dicke Durchmischungszone aus Al-Fe-Zn-Sn-, Al-Fe-Zn-, Al-Zn- und Al-Phasen aus. Es gibt jedoch keine Anbindung an das Aluminiumsubstrat (Abbildung 90, Bereich B). Die thermische Belastung führt darüber hinaus zu Deformationen im äußeren rechten Kopfbereich. Die Prozesssimulation ergab in diesem Bereich ein Stromengegebiet, woraus lokale Aufschmelzungen im Aluminiummaterial resultieren. Die REM-Aufnahme zeigt innerhalb der Deformationszone ausgehend vom Stanzelement die Ausbildung einer Al-Fe-Zn-Si-Phase (Abbildung 90, Bereich C).

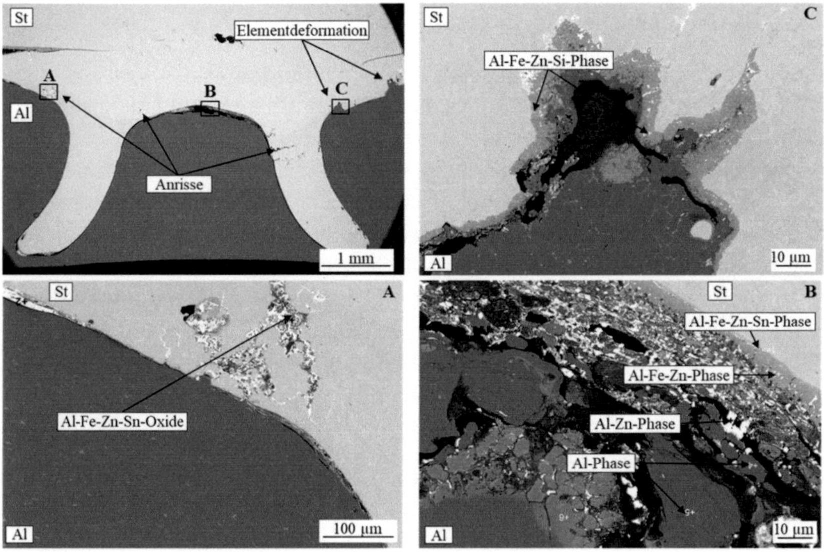

Abbildung 90: REM-Analyse an der Element-Aluminium-Verbindungsebene nach dem Sekundärprozess bei einer Stromstärke von 5,5 kA und Schweißzeit von 200 ms

Eine zusätzliche EDX-Analyse erfasst einen Anteil an Al von ca. 70 at.-%, Fe ca. 27 at.-% und Si sowie Zn jeweils ca. 1 at.-%. Die atomare Zusammensetzung weist auf die Phase Fe_2Al_5 hin. Eine eindeutige Zuordnung ist an dieser Stelle jedoch nur unzureichend möglich. Zudem ist die Anbindung zum Aluminiumsubstrat nur teilweise vorhanden und meist durch Risse versehen, welche parallel zur Oberfläche des Stanzelements verlaufen.

Die REM-Ergebnisse aus der Referenzprobe spiegelten sich in der gesamten Versuchsreihe bis zu einer Schweißzeit von 1000 ms wieder. Entlang der Verbindungsebene sind nach dem Sekundärprozess hauptsächlich Reste der Al-Sn-Zn-Beschichtung nachzuweisen. In Bereichen mit erhöhter Deformation oder Anrissen kommt es darüber hinaus zur Durchmischung mit Anteilen von Fe und Si.

Stellenweise ist ein Auftreten von Al-Fe-Zn-Si-Phasen festzustellen, welche bei einer zunehmenden Schweißzeit auch unterhalb des Elementkopfes auftreten und die breite fingerartige Struktur einer Fe_2Al_5-Phase annehmen. Die Phasensaumdicke beträgt zwischen 2 und 5 µm (Abbildung 91). Die nadelige Struktur einer $FeAl_3$-Phase ist dagegen nur selten detektierbar.

Daraus kann abgeleitet werden, dass an einer gleichmäßigen Verbindungsebene der Druck nicht ausreicht, um eine durchgängige Phasenbildung hervorzurufen, die zu einer Verbindung zwischen dem Stanzelement und dem Aluminiumsubstrat führt. Infolge der unterschiedlichen Wärmeausdehnungskoeffizienten kommt es größtenteils zur Spaltbildung in der Verbindungsebene. Dennoch ist in Bereichen größerer Deformation sowie auch in Rissen eine Anreicherung oder Durchmischung von Legierungs- und Beschichtungsbestandteilen zu finden. Unter bestimmten Randbedingungen führen diese zur Ausbildung eines Phasensaums. Bei Verwendung unbeschichteter Elemente sind über alle Schweißzeiten hinweg deutlich weniger und kleinere Risse sowie Deformationen im Stanzelement festzustellen (Abbildung 91, FHE unbeschichtet, 600 ms).

Folglich unterstützt die Elementbeschichtung eine Schädigung in Form von Materialtrennungen. Aufgrund der fehlenden Beschichtung können keine Al-Fe-Zn-Si-oder vergleichbare Phasen analysiert werden. Dafür kommt es vorwiegend am Übergangsbereich zwischen Elementkopf und -schaft zu einer Anlagerung von Cu-Zn-Sn-Oxiden aus den nicht entfernten Resten der Al-Sn-Zn-Beschichtung (Abbildung 91, FHE unbeschichtet, 600 ms).

Weiterhin sind Spuren von Al, Si und Fe vorhanden. Der Vergleich beschichteter und unbeschichteter Elemente zeigt, dass die Al-Sn-Zn-Beschichtung die Phasenbildung unterstützt. Die Wirkung von Zinn- und Zink-Zusätzen auf die Phasenbildung, welche in vielen Literaturangaben beschrieben wurde, kann auch hier beim Widerstandspunktschweißen mit Stanzelement bestätigt werden.

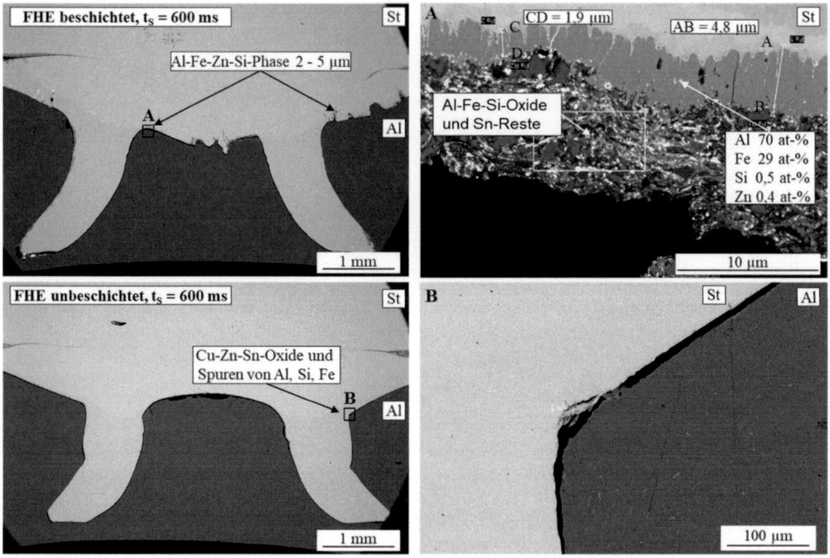

Abbildung 91: REM-Analyse an der Element-Aluminium-Verbindungsebene beschichteter und unbeschichteter Stanzelemente nach dem Sekundärprozess bei einer Stromstärke von 5,5 kA und Schweißzeit von 600 ms

Um den Einfluss einer Elektrodenpolung auf die Wärmeentwicklung innerhalb der Verbindung und Phasenausbildung zu untersuchen, wurde im nächsten Schritt ein experimenteller Polungswechsel durchgeführt, sodass der positive Pol auf Seiten des Aluminiumsubstrats und der negative auf dem Stahlblech ausgerichtet waren.

Die Verwendung unbeschichteter Elemente für diese Versuchsreihe sollte eine Überlagerung von Beschichtungsbestandteilen unterbinden, um somit mehr Aussagekraft über eine mögliche Phasenbildung des Typs Fe_xAl_y aufgrund der Polungsausrichtung zu erhalten. Die Schweißparameter blieben für den Vergleich konstant. Ausnahme bildete die Schweißzeit, die ebenfalls um 200 ms bis auf 1000 ms schrittweise erhöht wurde. Der Einfluss der Elektrodenpolung auf die Phasenbildung kann mithilfe der REM-Untersuchung ebenfalls bestätigt werden. Ab einer Schweißzeit von 400 ms ist eine Phasenbildung zu erkennen (Abbildung 92). Über die semiquantitative Auswertung der EDX-Spektren lassen sich zudem zwei unterschiedliche Stöchiometrie deuten.

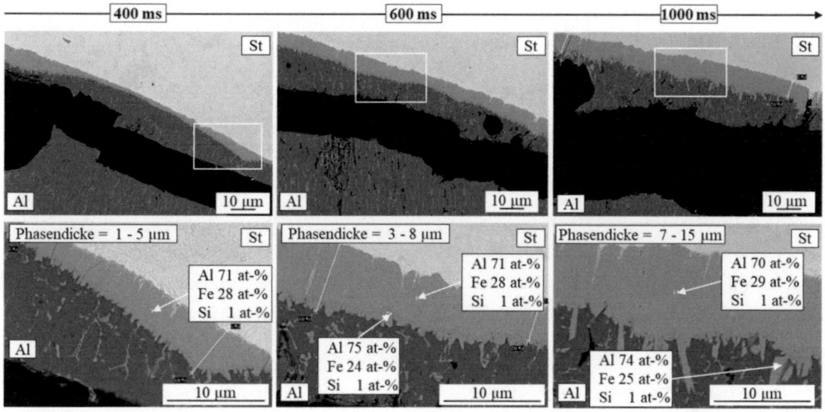

Abbildung 92: REM-Analyse des Phasenwachstums beim Widerstands-punktschweißen mit Stanzelement bei den Schweißzeiten von 400, 600 und 1000 ms

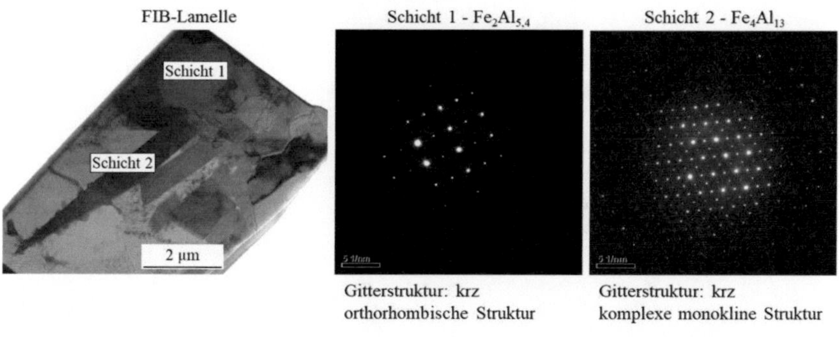

Abbildung 93: SAED-Elektronenbeugung an der Element-Aluminium-Verbindungsebene bei einer Schweißzeit von 1000 ms unter Verwendung unbeschichteter Stanzelemente

Dem Stanzelement ist eine kompakte fingerförmige und auf seitens des Aluminiumsubstrates eine nadelige Phasenstruktur zu erkennen (Abbildung 92). Die atomare Zusammensetzung weist ebenfalls auf das Vorliegen der intermetallischen Phasen vom Typ $FeAl_3$ und Fe_2Al_5 hin. Mit zunehmender Schweißzeit wird der Phasensaum sogar deutlich kompakter sowie auch größer und ist nun auch unterhalb des Elementkopfes wiederzufinden. Die Dicke des Saums ist lokal sehr unterschiedlich und kann einschließlich der Stängelkristalle bis zu 15 µm betragen (1000 ms). Mittels der SAED-Elektronenbeugung in Abbildung 93 konnte die Atomverteilung und der

Gitteraufbau analysiert werden. Die Auswertung ergab die Phasen Fe_2Al_5 und Fe_4Al_{13}. Letztere ist als Unterform der $FeAl_3$-Struktur zuzuordnen.

Eine weitere Versuchsreihe sollte Aufschluss über das Phasenwachstum bei einer nachträglichen Wärmebehandlung geben. Dazu wurde die Probe aus Abbildung 92 mit einer Schweißzeit von 600 ms bei 185 °C für 20 Minuten warm ausgelagert. Anschließend erfolgte eine neue Präparation. Über eine abschließende EDX-Analyse sowie einer SAED-Elektronenbeugung konnte auch bei dieser Probe der Phasensaum der intermetallischen Phasen Fe_2Al_5 und Fe_4Al_{13} zugeordnet werden. Die REM-Aufnahmen vor und nach einer Wärmebehandlung sind in der Abbildung 94 gegenübergestellt.

Die Dicke des Phasensaums hat sich im Durchschnitt von 5 auf 8 µm durch die Wärmbehandlung vergrößert. Die an das Stanzelement angrenzende fingerförmige Fe_2Al_5-Phase weist eine breite zwischen 7 und 9 µm auf. Die nadelförmige Fe_4Al_{13} erreicht eine Dicke zwischen 0,7 und 2 µm. Trotz des Vorliegens von intermetallischen Phasen ist bei keiner Probe eine durchgehende Anbindung zum Aluminiumsubstrat festzustellen. Schlussfolgernd kann damit eine Beeinträchtigung der Verbindungsfestigkeit ausgeschlossen werden.

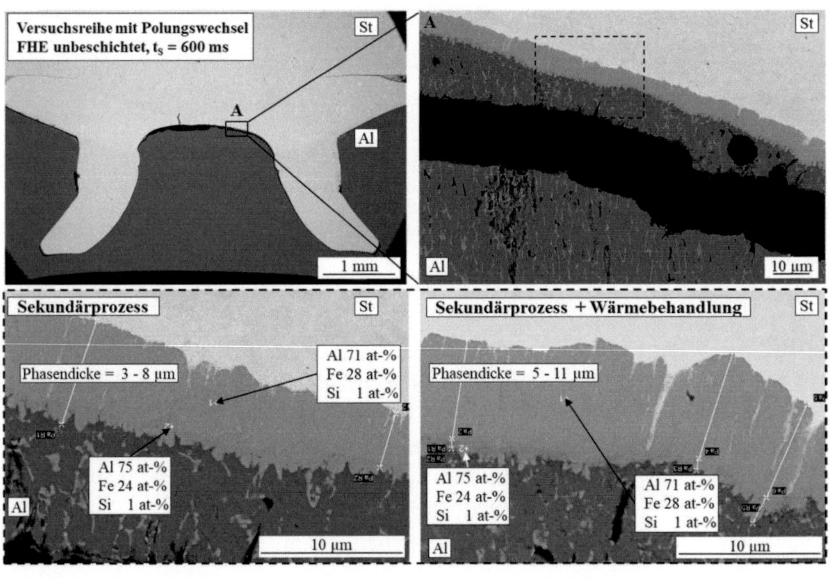

Abbildung 94: Phasenwachstum beim Widerstandspunktschweißen mit Stanzelement durch Warmauslagerung bei 185 °C für 20 Minuten

6 Modell zur Charakterisierung der Verbindungseigenschaften

Die im Rahmen dieser Arbeit durchgeführten Untersuchungen ermöglichten die Charakterisierung der Verbindungseigenschaften beim Widerstandspunktschweißen mit Stanzelement nach dem Setzprozess und nach dem Schweißprozess. Aus diesen Untersuchungsergebnissen konnte eine modellhafte Beschreibung der Verbindungsausbildung anhand von Kennlinien, die qualitativ den Bolzen-Kopfzugkraftverlauf zeigen, abgeleitet werden (Abbildung 95).

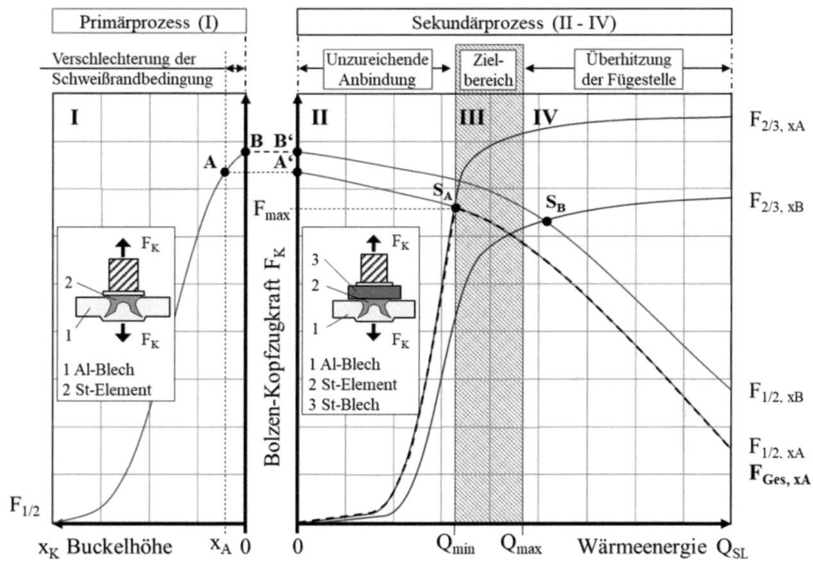

Bezeichnung der Kraft-Kennlinien F		**Legende**	
$F_{1/2}$	Element im Aluminiumsubstrat	A	Optimale Buckelhöhe, $x_K = x_A$
$F_{1/2,xA}$	Element im Aluminiumsubstrat bei x_k = Punkt A	B	Vollständige Elementeinbringung, $x_K = 0$ mm
$F_{1/2,xB}$	Element im Aluminiumsubstrat bei $x_k = 0$ mm	S_A	Schnittpunkt $F_{1/2,xA} - F_{2/3,xA}$ (Zielpunkt)
$F_{2/3,xA}$	Element und Stahlblech bei x_k = Punkt A	S_B	Schnittpunkt $F_{1/2,xB} - F_{2/3,xB}$ (Nebenschluss)
$F_{2/3,xB}$	Element und Stahlblech bei $x_k = 0$ mm		
$\mathbf{F_{Ges,xA}}$	Gesamtkurve bei x_k = Punkt A	▨	Zielbereich der notwendigen Wärmeenergie Q_{SL}

Abbildung 95: Modell zur Beschreibung der Verbindungsausbildung über den Gesamtprozess beim Widerstandspunktschweißen mit Stanzelement

Die Abszisse der linken Seite beschreibt den Kennwert der Buckelhöhe x_K, welcher im Primärprozess gebildet wird. Die im Sekundärprozess erzeugte Wärmeenergie Q_{SL} ist der rechten Abszisse zugeordnet. Die Ordinate bezieht sich auf die jeweilige Bolzen-Kopfzugkraft F_K der einzelnen Verbindungsebenen:

- Primärprozess: Aluminiumsubstrat - Element (1/2)
- Sekundärprozess: Aluminiumsubstrat - Element (1/2) oder Element - Stahl (2/3)

6.1 Aufbau und Erläuterungen zum Modell

Abszisse Primärprozess (links): Buckelhöhe x_K

Die grundlegende Prozesskenngröße beim Widerstandspunktschweißen mit Stanzelement ist die Elementkopfendlage bzw. Buckelhöhe x_K. Diese wird nach dem Setzen des Fügehilfselements in das Aluminiumsubstrat gemessen. Über die Einstellung der Buckelhöhe wird zum einen die Verbindungsausbildung zwischen dem Element (2) und Aluminiumsubstrat (1) eingestellt, zum anderen definiert der erzeugte Buckel den Stromfluss im Sekundärprozess. Die Elementkopfendlage ist damit die ausschlaggebende Einflussgröße auf den Kraft-, Form- sowie Stoffschluss der Gesamtverbindung. Mit zunehmender Einbringung des Stanzelements in das Aluminiumsubstrat nimmt die Buckelhöhe ab, weshalb diese Größe der linken (negativen) Abszisse im Modell zugeordnet wurde.

Abszisse Sekundärprozess (rechts): Wärmeenergie Q_{SL}

Als ein weiterer wesentlicher Einflussfaktor ist die Wärmeenergie Q_{SL} anzusehen. Sie ist im Wesentlichen für die Ausbildung der stoffschlüssigen Verbindung (Schweißlinse) zwischen dem Stanzelement (2) und dem Stahlblech (3) verantwortlich. Zudem führt die zugeführte Wärme zu Veränderungen auf die geometrischen und werkstofflichen Ausgangsbedingungen. Infolgedessen wird die Wärmeenergie der rechten (positiven) Abszisse zugeordnet.

Ordinate: Bolzen-Kopfzugkraft F_K

Die Charakterisierung der Verbindungsfestigkeit beim Widerstandspunktschweißen mit Stanzelement erfolgt anhand des Kopfzugversuches. Bedingung ist die Bestimmung der Festigkeit sowohl nach dem Primär- als auch Sekundärprozess. Dafür eignet sich die in dieser Arbeit entwickelte Bolzen-Kopfzugprüfmethode. Als Ergebnis erhält der Anwender die Kopfzugkraft F_K, mithilfe derer in Abhängigkeit der Buckelhöhe sowie der Wärmeeinbringung die Verbindungsausbildung nach dem Modell in Abbildung 95 beschrieben werden kann.

6.2 Anwendung und Übertragbarkeit des Modells

Bereich I

Über die Entstehung der Buckelhöhe im Primärprozess ergibt sich bei der Anwendung der Bolzen-Kopfzugprüfung der Kraftverlauf $F_{1/2}$. Dieser Verlauf beschreibt den Kraft- sowie Formschluss zwischen dem Aluminiumsubstrat (1) und dem Stanzelement (2). Anhand des Kraftverlaufs ist zu erkennen, dass mit zunehmender Elementeinbringung, also Abnahme der Buckelhöhe, die Kopfzugkraft F_K zunimmt. Am Punkt A erreicht die Buckelhöhe den Wert x_A. Dieser stellt für die Gesamtverbindung die optimale Elementkopfendlage dar, da der Kopfüberstand einen Schweißbuckel bildet. Ein weiteres Einstanzen des Stanzelements führt zwar zu einer weiteren Erhöhung der Kopfzugkraft, aber auch zu einem kleineren Buckel, was einer Verschlechterung der Schweißrandbedingungen gleichkommt. Der Punkt B stellt das vollständige Einbringen des Elements in das Aluminiumsubstrat dar ($x_K = 0$ mm).

Bereich II bei $x_K = x_A$ (Punkt A)

Der Bereich II charakterisiert neben den Kraft- und Formschluss ($F_{1/2}$) auch die Verbindungsausbildung unter thermischer Beeinflussung zu Beginn des Sekundärprozesses ($F_{2/3}$). Bei Einstellung der Buckelhöhe x_A im Primärprozess charakterisiert die Kraft-Kennlinie $F_{1/2,\ xA}$ beginnend vom Punkt A\` die Verbindung zwischen Aluminiumsubstrat (1) und dem Fügehilfselement (2). Die Kennlinie $F_{1/2,\ xA}$ zeigt mit Zunahme der Wärmeenergie Q_{SL} eine Minderung der Kopfzugkraft F_K auf.

Die dazugehörige stoffschlüssige Anbindung zwischen Stanzelement (2) und dem Stahlblech (3) wird während des Schweißens mit der Kurve $F_{2/3,\ xA}$ beschrieben. Die Entstehung des Stoffschlusses durch eine Schweißlinse ist durch einen sprunghaften Anstieg der Kurve mit zunehmender Wärmeenergie gekennzeichnet. Dennoch sei festzuhalten, dass im Bereich II die Kopfzugkraft durch den Kraft- und Formschluss zwischen Stanzelement (2) und Aluminiumsubstrat (1) dominiert wird, nicht über die Schweißlinsengröße. Das Versagen im Kopfzugversuch ist durch einen Scherbruch zwischen Element (2) und Stahlblech (3) gekennzeichnet und zeigt damit eine unzureichende stoffschlüssige Anbindung.

Bereich II bei $x_K = 0$ mm (Punkt B)

Wurde das Stanzelement während des Primärprozesses vollständig in das Aluminiumsubstrat eingestanzt (Punkt B, $x_K = 0$ mm), gilt die Kraft-Kennlinie $F_{1/2,\ xB}$ ab Punkt B`. Unter diesen Gegebenheiten kommt es zum direkten Kontakt zwischen dem Aluminiumsubstrat und dem Stahlblech. Die damit veränderten Schweißbedingungen (Nebenschluss, kein definierter Strompfad, höhere Wärmeableitung) verringern die Entstehung der notwendigen Schweißwärme im Elementkopfbereich. Die Auswirkung auf die stoffschlüssige Verbindung durch eine geringe Schmelzenentwicklung zwischen dem Stanzelement (2) und Stahlblech (3) wird mit der Kraft-Kennlinie $F_{2/3,\ xB}$ beschrieben.

Bereich III bei $x_K = x_A$ (Punkt A)

Der Bereich III symbolisiert den Zielbereich für das Widerstandspunktschweißen mit Stanzelement zur Ausbildung einer Aluminium-Stahl-Verbindung. Die zunehmende Wärmeenergie führt zu einer Vergrößerung der stoffschlüssigen Anbindung und parallel zu einer fortlaufenden Minderung des Kraft- und Formschlusses. Infolge dessen kommt es im Bereich III am Punkt S_A (F_{max}) zur Überschneidung der Kurvenverläufe $F_{2/3,\ xA}$ und die aus dem Primärprozess fortführende $F_{1/2,\ xA}$. Ab diesem Zeitpunkt wird die Kopfzugkraft nun durch die stoffschlüssige Anbindung (Schweißlinse) zwischen dem Stanzelement (2) und dem Stahlblech (3) dominiert.

Folglich erreicht die Verbindung am Punkt S_A ein Kraftmaximum, da sich mit zunehmender Wärme der Schweißlinsendurchmesser seinem Maximalwert nähert, aber das Aluminiumsubstrat durch Erholung- und Rekristallisationsprozesse weiter entfestigt wird. Die Verbindung versagt im Kopfzugversuch ab diesem Zeitpunkt nicht mehr in der Schweißlinse, sondern durch ein Herausziehen des Elements (2) aus dem Aluminiumsubstrat (1).

Aus der Überlagerung der beiden Kurven $F_{1/2, xA}$ und $F_{2/3, xA}$ entsteht die Gesamtkraftkurve $F_{Ges, xA}$ (dick gestrichelt dargestellt), welche die Aluminium-Stahl-Gesamtverbindung beschreibt. Die Kurvencharakteristik zeigt, dass erst mit dem Erzeugen einer ausreichend großen Schweißlinse, eine vollständige Verbindungsausbildung möglich ist.

Bereich III bei x_K = 0 mm (Punkt B)

Für den Fall, dass das Stanzelement (2) im Primärprozess (Bereich I) bündig in das Aluminiumsubstrat (1) eingestanzt wurde (x_K = 0 mm), ergibt sich die aus der Kurve $F_{1/2, xB}$ und $F_{2/3, xB}$ resultierende Gesamtkraftkurve durch den Schnittpunkt S_B. Es zeigt sich, dass der Punkt S_B außerhalb des Zielbereichs liegen kann und damit nicht anzustreben ist.

Bereich IV

Der Bereich IV befindet sich außerhalb des Zielbereichs und beginnt, sobald die zugeführte Wärmeenergie einen überkritischen Wert annimmt. Es kommt zu einer Überhitzung der Fügestelle. Die Folge sind Schweißspritzer, eine unregelmäßige Schweißlinsenausbildung und Schädigung des Aluminiumsubstrats. Da die stoffschlüssige Anbindung den Kraft- und Formschluss weiterhin dominiert, ist das Versagensschaubild der Gesamtverbindung im Kopfzugversuch durch ein Herausziehen des Elements aus dem Aluminiumsubstrat gekennzeichnet. Infolge der Überhitzung und damit einhergehenden Schädigung des Aluminiumsubstrats zeigen die Kraft-Kennlinien $F_{1/2, xA}$ und $F_{1/2, xB}$ eine fortlaufende Abnahme der Bolzen-Kopfzugkraft. Das Ergebnis ist ein Abfall der Gesamtkurve $F_{Ges, xA}$. Im späteren Verlauf nähern sich die Kennlinien $F_{2/3, xA}$ und $F_{2/3, xB}$ einen Grenzwert an. Ab diesem Zeitpunkt tritt ein Gleichgewichtszustand zwischen der zu- und abgeführten Wärmeenergie ein.

Einfluss einer nachträglichen Ausscheidungshärtung

Eine Steigerung der Verbindungsfestigkeit kann über eine Ausscheidungshärtung erreicht werden (Kap. 5.4). Dafür ist nach dem Fügen ein nachträglich definierter Wärmebehandlungsprozess in Abhängigkeit der verwendeten Aluminiumlegierung notwendig. In Abbildung 96 wurde dieser Vorgang als Ergänzung zum ursprünglichen Modell hinzugefügt. Die Wärmebehandlung (T64) führt die Kurve $F_{1/2,\,xA}$ aufgrund der beschriebenen Ausscheidungsvorgänge auf das höhere Kraftniveau $F_{1/2,\,W}$, welches wiederum die maximale Kopfzugkraft vom Punkt S_A auf S_W erhöht. Die Gesamtfestigkeit der Verbindung ($F_{Ges,\,W}$) wird damit gesteigert.

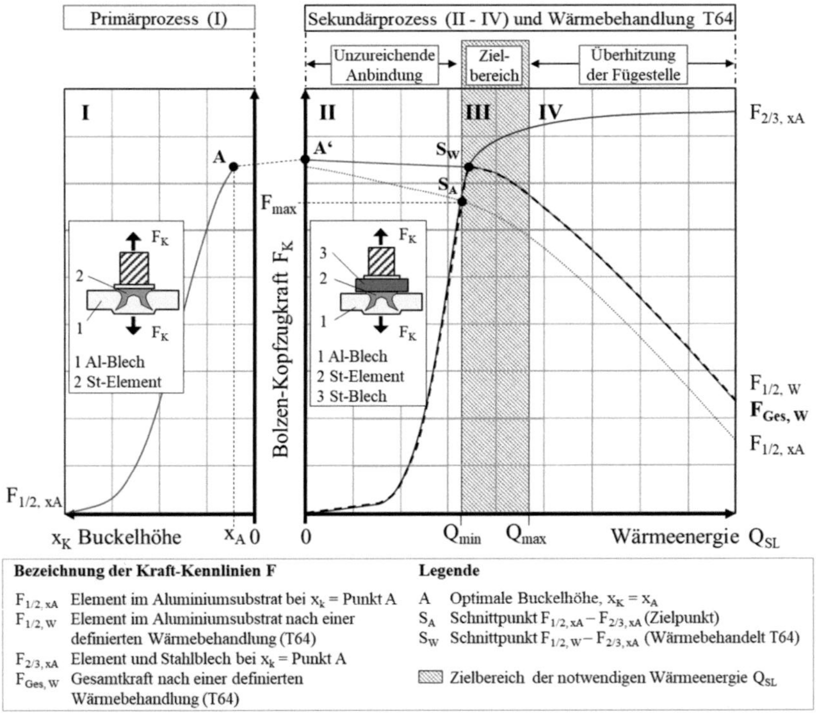

Abbildung 96: Erweiterung des Modells zur Beschreibung der Verbindungsausbildung über den Gesamtprozess beim Widerstandspunktschweißen mit Stanzelement mit nachgelagerter Ausscheidungshärtung (T64)

7 Zusammenfassung und Ausblick

Im Rahmen der vorliegenden Arbeit wurden die prozesstechnischen und werkstofflichen Besonderheiten des Widerstandspunktschweißens mit Stanzelement für das Verbinden von Aluminium-Stahl-Blechverbindungen aufgezeigt. Die Konkretisierung der Zielstellung erfolgte durch eine Literaturrecherche über thermisches Fügen von Aluminium-Stahl-Verbindungen, Forschungen über zweischrittige Fügeverfahren und Grundlagen zur Schweißlinsenbildung sowie deren Einflüsse auf werkstoffliche Gegebenheiten.

Die experimentelle Analyse des Primärprozesses ergab eine Analogie zum Halbhohlstanznieten für die mechanischen Vorgänge Schneiden, Spreizen und Stauchen. Weiterhin konnte die Elementkopfendlage bzw. Buckelhöhe als wichtige Prozessgröße identifiziert werden. Um eine Hohlraumbildung zwischen dem Stanzelement und Aluminiumsubstrat zu vermeiden, wird eine Buckelhöhe von 0,3 mm empfohlen. Mit dieser Einstellung wurden Schweißbereiche mit einer Stromdifferenz von über 1,2 kA bei verschiedenen Schweißzeiten sowie Elektrodenkräften erzielt.

Zeitlich sequenzielle Makroschliffe im Sekundärprozess zeigten, dass die Schmelzenbildung im Stahl beginnt. Mit weiterer Schweißzeit vergrößerte sich der aufgeschmolzene Bereich zuerst horizontal und dann vertikal, bis es zur Anbindung des Stanzelements kam. Ein Vergleich der experimentellen Fügeversuche mit der Prozesssimulation ergab eine zufriedenstellende Übereinstimmung hinsichtlich der Linsenausbildung. Abweichungen entstanden erst bei einer hohen thermischen Belastung der Fügestelle. Das im Experiment festgestellte Durchsacken der Schmelze in das Aluminiumsubstrat wurde in der FEM-Simulation nur durch eine weitere Schmelzenbildung angedeutet. Aufgrund dieser Tatsache wies die Schweißlinse aus der Simulation gegenüber der realen Linse einen größeren Durchmesser bei erhöhter Wärmeeinbringung auf.

In den experimentellen Versuchen konnten drei Linsenformen im Punktschweißprozess innerhalb des ermittelten Schweißbereichs festgestellt werden. Die Untersuchungen der Schweißlinsenbildung und deren Einfluss auf die Elementverformung brachte die Erkenntnis, dass diese für die Ausprägung des Stanzelements im Aluminiumsubstrat dominierend durch den Primärprozess gesteuert wird.

Eine thermische Belastung innerhalb der Schweißbereichsgrenzen beeinflusst die geometrischen Kennwerte nur geringfügig. Ausnahme bildet die Deformation des Elementkopfes während der Schmelzenausbildung, sodass sich insgesamt das Stauchmaß reduzierte.

Für die Bestimmung der mechanisch-technologischen Eigenschaften wurden zunächst quasistatische Scherzugversuche der Gesamtverbindung durchgeführt. Durch Variation der Buckelhöhe konnte der Nachweis erbracht werden, dass die Vorbelastung des Stanzelements einen wesentlichen Einfluss auf das Versagensverhalten hat. Eine Abhängigkeit von den Schweißparametern Strom und Zeit wurde ebenfalls nachgewiesen. Anschließend wurde im Rahmen dieser Arbeit eine Prüfmethodik für zweischrittige Fügeverfahren entwickelt und validiert.

Mithilfe der Bolzen-Kopfzugprüfung war es erstmals möglich, die Verbindungsfestigkeiten sowohl nach dem Primär- als auch nach dem Sekundärprozess zu bestimmen. Der Vergleich der Kopfzugkräfte erbrachte den Nachweis einer festigkeitsmindernden Wirkung durch den Schweißprozess. Aus diesen Erkenntnissen heraus konnte abgeleitet werden, dass zwar zum einen die mechanische Verklammerung und damit der Hinterschnitt des Elements über Einstellung der Buckelhöhe grundlegend für die Kopfzugkraft im Aluminiumsubstrat ist, zum anderen aber keinen Einfluss auf den Kraftverlust nach dem Sekundärprozess hat.

Infolgedessen fokussierten sich abschließende Untersuchungen auf das Aluminiumsubstrat. Mithilfe der Betrachtungen konnten Erholungs- und Rekristallisationsvorgänge als Ursache für die festigkeitsmindernde Wirkung des Punktschweißprozesses identifiziert werden. Eine Möglichkeit zur Erhöhung der Verbindungsfestigkeit zeigte sich durch eine nachträgliche Wärmebehandlung, welche eine Ausscheidungshärtung des Aluminiummaterials nach sich zog. Dieser Verfestigungsprozess war abhängig von der Elementumformung im Primärprozess und der thermischen Belastung beim Schweißen. Die Bestätigung dieser werkstofflichen Vorgänge konnte durch das Blech-Analogiemodell bestätigt werden. Mithilfe von REM- und TEM-Untersuchungen im Aluminiumsubstrat erfolgte ein Nachweis von intermetallischen Phasen des Typs Fe_4Al_{13} sowie Fe_2Al_5 unter bestimmten Prozessrandbedingungen wie Elementbeschichtung und Elektrodenpolung. Diese Phasen bildeten aber keine durchgängige Verbindung zwischen Stanzelement und Aluminiumsubstrat, sodass ein Einfluss auf die Verbindungsfestigkeit ausgeschlossen werden konnte.

Aufgrund der festigkeitsmindernden Wirkung durch den Sekundärprozess sollte der Fokus weitere Untersuchungen auf wärmereduzierende Maßnahmen liegen. Eine Optimierung des Stanzelements hinsichtlich des Werkstoffes und der Beschichtung könnte zur Verbesserung der Schweißbedingungen führen. Ein Ziel sollte dabei sein, den bei erhöhten Schweißparametern auftretenden Schmelzendurchbruch zu unterbinden, um Beschädigungen des Elements vorzubeugen.

Vom Buckelschweißen ist bekannt, dass die Buckelgeometrie einen wesentlichen Einfluss auf die Schweißlinsenbildung nimmt. Im Rahmen der Arbeit wurde bisher nur die Buckelhöhe untersucht und bewertet. Eine Umfassende Betrachtung der Hohlraumbildung unterhalb des Stanzelements und deren Einfluss sollte dabei nicht ausgeschlossen werden. Eine Anpassung des Kopfdurchmessers oder der gesamten Kopfform wäre zielführend, um den Schweißprozess zu optimieren. Weiterhin sollte eine Optimierung der Geometrie vorgenommen werden, um die derzeitigen Anwendungsgrenzen hinsichtlich der Aluminium-substratdicke zu erweitern.

Weitere wärmereduzierende Ansätze könnten sich auf prozesstechnische oder anlagentechnische Änderungen beziehen. Beim Widerstandspunktschweißen mit Stanzelement ist der Primärprozess durch die Ausbildung eines Schließkopfes geprägt, der ebenfalls eine Art Buckel darstellt. Aus einer geeigneten Kombination von Elektrodenkappen und Matrizen können sich Optimierungsmaßnahmen ableiten lassen. Eine weitere Möglichkeit wäre die Verwendung einer Kondensatorentladungsschweißanlage. Diese Anlagen weisen hinsichtlich der Schweißzeit und thermischen Belastung deutliche Vorteile gegenüber konventionellen Punktschweißanlagen auf.

8 Literaturverzeichnis

[ACH80a] Achar, D. R. G.; Ruge, J.; Sundaresan, S.: Verbinden von Aluminium mit Stahl besonders durch Schweißen (I). Z. Aluminium 56 (1980), Nr. 2, S.147-149

[ACH80b] Achar, D. R. G.; Ruge, J.; Sundaresan, S.: Verbinden von Aluminium mit Stahl besonders durch Schweißen (II). Z. Aluminium 56 (1980), Nr. 3, S.220-223

[ACH80c] Achar, D. R. G.; Ruge, J.; Sundaresan, S.: Verbinden von Aluminium mit Stahl besonders durch Schweißen (III). Z. Aluminium 56 (1980), Nr. 4, S.291-293

[ACH81] Achar, D. R. G.; Ruge, J.; Sundaresan, S.: Verbinden von Aluminium mit Stahl, besonders durch Schweißen. Aluminium-Monographie, Aluminium-Verlag, 1981

[ALB15] Alber, U.: Innovative joining technologies in the new Audi Q7. T: Fügen im Karosseriebau, Bad Nauheim, 2015

[ARC12] N. N.: Werkstoffdatenblatt: Warumumformstähle – höchstfeste Stähle. Auszug aus dem Europäischen Produktangebot, ArcelorMittal, Mai 2012

[BAB76] Baboian, R.; Haynes, G.: Joining dissimilar metals with transition materials. SAE Paper 760714, Society of Automotive Engineers, Warrendale, PA, 1976

[BAR08] Bargel, H. J.: Werkstoffkunde. 10. Auflage, Springer, Berlin, 2008

[BOE15] N. N.: RIVSET® - Stanzniettechnik für perfekte Verbindungen. Produktkatalog der Böllhoff Gruppe, Bielefeld, 2015

[BRO12] Broda, T.; Rudolf, H.; Yang, Y.: Kombiniertes Ultraschall-Widerstandsschweißen an Stahl-Aluminium-Blechverbindungen. T. 14. Kolloquium Widerstandsschweißen und alternative Verfahren. Halle, 17.10.2012

[BRU52] Brunst, W.: Das elektrische Widerstandsschweißen. Springer-Verlag. Berlin, 1952

[BUD92] Budde, L.; Lappe, W.; Liebrecht, F.; Süße, D.: Weiterentwicklung der Stanzniettechnik. Z. Blech, Rohre, Profile 39, Heft 4, 1992, S.310-314

[CHA99] Chang, H. S.; Johnson, G. F.; Dickinson, D. W.; Tsai, C. L.: Spot welding aluminum to steel. Transition materials inserts helt to overcome incompatibility. Z. Practical welding today. May/June, 1999

[CHE04] Chergui, A.: Beitrag zur ermüdungsgerechten Auslegung stanzgenieteter Aluminium-Leichtbaukonstruktionen. Dissertation, Universität Paderborn, 2004

[CON41] Conrady, H. v.; Mehls, E.: Die Schweisstechnik und ihre Anwendung im Karosseriebau. Fachschriften für den Karosserie- und Fahrzeugbau, Heft 6, 1941.

[CUN65] Cunningham, A.; Begeman, M.L.: A Fundamental Study of Projection Welding Using High Speed Photography. Z. Welding Journal, Research Supplement 44, Issue 8. 1965

[CUN66] Cunningham, A.; Begeman, L.; Short, B.E.: An Analysis of the Nugget Formation in Projection Welding. Z. Welding Journal, Research Supplement 45, Heft 7, 1966

[CZE57] Czech, F.: Buckelschweißen von Stahlblech. Z. Blech 4, Heft 6, 1957, S.29-33

[CZE58] Czech, F.: Das Buckelschweißen und seine Anwendung. Z. Blech 5, Heft 6, 1958, S.23-28

[CZE59] Czech, F.: Buckelschweißen, ein rationelles Widerstands-Schweißverfahren. Z. Siemens Zeitschrift 33, Heft 4, 1959, S.261-265

[CZE60] Czech, F.: Buckelschweißmaschinen zum Herstellen von Massenartikeln. Z. Siemens Zeitschrift 34, Heft 4, 1960, S.236-238

[DOR81a] Dorn, L.: Widerstandspunktschweißen von Aluminiumwerkstoffen: Teil 1: Z. Bleche, Rohre, Profile 13, Heft 10, 1981, S.25-29

[EIC67] Eichhorn, F.; Gronwald, R.: Das Kondensatorimpuls-Schweißen unter Verwendung verschieden legierter Einlegestücke als neuartiges Verfahren zum Widerstands-Punktschweißen von Aluminium. Z. Aluminium 43, Heft 5, 1967, S.309-318

[EIC68] Eichhorn, F.; Gronwald, R.: Kondensatorimpulsschweißen von Aluminium und seine Legierungen unter Verwendung von Einlegestücken. Z. Schweißen und Schneiden 19, Heft 3, 1968, S.446-456

[EIC81] Eichhorn, F.; Emonts, M.; Leuschen, B.: Widerstandspunktschweißen der Werkstoffkombination Aluminium und Stahl – erste Versuchsergebnisse. DVS-Berichte. Band 70, Düsseldorf, 1981

[EIC82] Eichhorn, F.; Emonts, M.; Leuschen, B.: Widerstandspunktschweißen der Werkstoffkombination Aluminium und Stahl. Z. Schweißen und Schneiden 34, Heft 1, 1982, S.15-20

[EMO83] Emonts, M.: Beitrag zum Widerstandspunktschweißen- und Buckelschweißen von Aluminiumwerkstoffen unter besonderer Berücksichtigung der Stromform. Dissertation, RTWH Aachen, 1983

[FRA15] Franz, T.: Entwicklung und Umsetzung des Widerstandselementschweißens in der Serie am Beispiel der Hutablage des Volkswagen Passat B8. T: Fügen im Karosseriebau, Bad Nauheim, 2015

[FUK00] Fukumoto, S.; Tsubakino, H.; Okita, K.; Aritoshi, M.; Tomita, T.: Amorphization by friction welding between 5052 aluminum alloy and 304 stainless steel. Z. Scripta Materialia 42, Issue 8, 2000, S. 807-812

[GEB53] Gebhardt, E.; Obrowski, W.: Reaktion von festem Eisen mit Schmelzen aus Aluminium und Aluminiumlegierungen. Z. Zeitschrift für Metallkunde 44, Heft 4, 1953, S.154-160

[GEN63] Gengenbach, O.: Der Sekundärstromkreis bei Widerstands-Schweißmaschinen. Z. Fachbuchreihe Schweißtechnik 35, Düsseldorf, 1963, S.35-61

[GEN64] Gengenbach, O.: Darstellung von Wärmevorgängen beim Widerstandsschweißen durch ein Analogiemodell. Z. Industrieanzeiger 86, Heft 75, 1964

[GEN65] Gengenbach, O.: Untersuchungen über die Stromverteilung, den Wärmefluss und die Temperaturverteilung in der Umgebung von Widerstandsschweißpunkten. Fachbuchreihe Schweißtechnik 45, Düsseldorf, 1965, S.17-24

[GLA54] Glage, W.: Energieverhältnisse beim Widerstands-schweißen. Z. Schweißen und Schneiden 6, Heft 12, 1954, S.509-514

[GOU93] Gould, J. E.: Projection Welding. ASM Handbook 6, Welding, Brazing, and Soldering, 1993, S.230-237

[GOU12] Gould, J. E.: Joining Aluminum Sheet in the Automotive Industry – A30 Year History. Z. Welding Journal 91, Issue 1, 2012, S.23-34

[GRA14] Graul, M.: Widerstandspressschweiß- und Lötverfahren mit Zusatzwerkstoff für hochfeste Stahlwerkstoffe sowie Mischverbindungen mit Aluminiumlegierungen. Dissertation, TU Dresden, 2014

[GRE61] Greenwood, J. A.: Temperature in Spot Welding. Z. British Welding Journal 8, Heft 6, 1961, S.316-322

[GRE02] Greving, M.; Möser, J.: Stanznieten in der Großserie. DVS-Berichte 217, Düsseldorf 2002

[GUE55] Gürtler, G.; Sagel, K.: Wachstumsschichten bei der Reaktion von festem Eisen mit Schmelzen aus flüssigem Aluminium und Aluminiumlegierungen. Z. Zeitschrift für Metallkunde 46, Heft 10, 1955, S.738-741

[HAH97] Hahn, O.; Voelkner, W.; Schulte, A.: Stanznieten mit Halbhohlniet – Einfluß der Fertigungsstörgröße Versatz. Z. Blech, Rohre, Profile 44, Heft1/2, 1997, S.50-53

[HAM15] Hambrecht, T.; Müller, S.: Multi material mix in high production volume – The new Audi Longitudinal Platform (MLBevo) of the Q7 body structure. T. 5. VDI Leichtbaukongress, Wien, 07.-08.07.2015

[HAN58] Hanson, M.; Anderko, K.: Constitution of Binary Alloys. McGraw-Hill-Verlag, New York, 1958

[HEN66] Hennig, H.; Krekeler, K.; Meyer, A.: Untersuchungen zum Buckelschweißen von Stahlblechen unter Verwendung verschiedener Buckeltypen. Forschungsberichte des Landes Nordrhein-Westfalen, Nr. 1526, Westdeutscher Verlag, Köln und Opladen, 1966

[HIC97] Hicken, S.: Metallkundliche Untersuchung zu Verschleißvorgängen an den Elektroden beim Widerstandspunktschweißen von Aluminium. Dissertation, RWTH Aachen, 1984

[HOE05] Höfemann, M.; Schäfers, C.: Schweißzange oder Laser – wer fügt besser hochfesten Stahl? Z. BLECH InForm 04, Carl Hanser Verlag, München, 2005

[HOF07] Hoff, C.: Untersuchung der Prozesseinflussgrößen beim Presshärten des höchstfesten Vergütungsstahls 22MnB5. Dissertation, Universität Erlangen-Nürnberg, 2007

[HOL41] Holm, R.: Die technische Physik der elektrischen Kontakte. Technische Physik in Einzeldarstellungen 4, Verlag von Julius Springer, Berlin, 1941

[HUF88] Hufnagel, W. und Autorenkollektiv: Aluminium-Taschenbuch, Band 1: Grundlagen und Werkstoffe. 14. Auflage, Aluminium-Verlag, Düsseldorf, 1988

[JAN12] Janzen, V.; Meschut, G.; Hahn, O.: Weiterentwicklung des Schweißnietens für die Anbindung von Leichtmetallen und faserverstärkten Kunststoffen an Stahlstrukturen. 2. Fügetechnisches Gemeinschaftskolloquium, 04.-05.12.2012, Paderborn, S.43-46

[JOH00] Johnson, J.; Theile, R.; Kobeloer, N.: Transition material – characteristics of aluminium-clad strip steels. Sheet Metal Welding Conference IX, 17.-20.10.2000, S.1-11

[KIE73] Kiesche, M.; Prietzel, H.; Thomas, W.: Verbindungsschweißen von Stahl mit Aluminium. ZIS Mitteilungen 15, 1973

[KIR00] Kirchheim, A.; Schaffner, G.; Staub, R.; Jeck, N.: Elektrodenkraft als wichtige Prozessgröße beim Widerstandspunktschweißen. Z. Schweißen und Schneiden 53, Heft 9, 2001, S.635-637

[KOP97] Koppe, K.; Sitte, G.: Umformwiderstandsschweiß- und Lötprozesse – neue Verbindungstechniken für Feinbleche. T: 2. Fachtagung „Fügen und Konstruieren im Schienenfahrzeugbau. SLV Halle, 1997, S.33-36

[KOP01] Koppe, K.; Jüttner, S.; Graul, M.: Widerstandspunktschweißen mit Zusatzwerkstoff für spezielle Anwendungen im Automobilbau. Große Schweißtechnische Tagung, DVS-Berichte 216, Essen, 11.-13.09.2001, S.66-70

[KOR00] Korte, M.: Prüfkriterien für punktgefügte Dünnblechverbindungen unterschiedlicher Verbindungsarten und Werkstoffe – Beanspruchungsanalysen und Versagenscharakteristiken. Dissertation, TU Chemnitz, 2000

[KOT56] Kotschergin, K. A.: Leitpfaden des Widerstandsschweißens. Schriftreihe des Verlages Technik Berlin 204, 1956

[KOU50] Kouwenhoven, W. B.; Sackett, W. T., Jr.: Spreading Resistance of Contacts. Z. Welding Journal, Research Supplement 29, Issue 10, 1950, S.512-520

[KOZ04] Kozlowski, J.: Examination of Fe-Al-Zn ternary system in hot galvanising of steel. Z. Metall-Forschung (Oberflächen) 58, Heft 4, 2004, S. 203-207

[KRA11] Kraus, C.; Mauermann, R.; Neugebauer, R.: Fügetechnologien für hochfeste Stähle in Mischbauweisen. Berichte aus dem IWU 59, 6. Chemnitzer Karosseriekolloquium: Karosserien fertigen – nachhaltig und effizient, 22.11.2011, S.311-330

[KRI00] Kristensen, L.: Projection welding of complex geometries. Dissertation, Universität Stockholm, 2000

[KUE01] Kühn, T.: FE-Simulation und Modellbildung von punktförmigen Blechverbindungen, insbesondere von Stanzniet- und Durchsetzfügeverbindungen. Dissertation, Universität Kassel, 2001

[KUE04] Küting, J.: Entwicklung des Fließformschraubens ohne Vorlochen für Leichtbauwerkstoffe im Fahrzeugbau. Dissertation, Universität Paderborn, 2004

[KUN72] Kunsmann, A.: Festigkeitsverhalten von Widerstandspunktschweißverbindungen an 1,0 bis 3,0 mm dicken Stahlblechen bei verschiedenartiger Herstellung und Beanspruchung. Dissertation, TH Aachen, 1972

[LAP95] Lappe, W.; Hahn, O.: Untersuchungen zur Prozeßsicherheit von selbstlochenden/-stanzenden Nietverfahren beim Fügen von oberflächenveredelten Feinblechen. Forschungsbericht P221: Laboratorium für Werkstoff- und Fügetechnik (LWF), Universität – GH Paderborn, 1995

[LAR09] Larsson, J. K.; Lundgren, J.; Asbjörnsson, E.; Andersson, H.: Extensive introduction of ultra high strength steels sets new standards for welding in the body shop. Z. Welding in the World 53, Issue 5/6, 2009, S.4-14

[LAU07] Laukant, H.: Laserschweiß-Löten von Stahl-Aluminium-Mischverbindungen: Mechanisch-technologisches Eigenschaftsprofil und mikrostrukturelle Charakterisierung. Dissertation. Universität Bayreuth. 2007

[LAW65] Lawrjonow, J. A.: Einfluss der Elektrodenform und –größe auf das Stromfeld bei der Punktschweißung. Z. Svarocnoe proizvodstvo, Heft 12, 1965, S.7-8

[LEU84] Leuschen, B.: Beitrag zum Tragverhalten von Aluminium- und Aluminium-Stahl-Widerstandspunktschweißverbindungen bei verschiedensartiger Beanspruchung. Dissertation, RWTH Aachen, 1984

[LIS76] Lison, R.: Zur Problematik der Schweißverbindungen zwischen unterschiedlichen Werkstoffen unter besonderer Berücksichtigung des Schmelzschweißens. Z. Schweißen und Schneiden 28, Heft 3, 1976

[MES13a] Meschut, G.; Hahn, O.; Janzen, V.: Untersuchungen zum Fügen artverschiedener Werkstoffkombinationen durch das Widerstandselementschweißen (WES). T. 22. DVS-Sondertagung „Widerstandsschweissen 2013“, Duisburg, 11.-12.06.2013, S.175-183

[MES13b] Meschut, G.; Olfermann, T.; Janzen, V.; Matzke, M.: Vergleich innovativer thermischer Fügeverfahren zum Verbinden von ultrahöchstfesten Stählen in Mischbaustrukturen. T. Große Schweißtechnische Tagung, DVS-Berichte 296, Essen, 16.-21.09.2013, S.365-371

[MES16] Meschut, G.; Matzke, M.: Tough nut to crack – mechanical joining of ultra-high strenght steels with aluminium. T: Fügen im Karosseriebau, Bad Nauheim, 2016

[MEY67] Meyer, A.: Grundlegende Untersuchungen zum Buckelschweißen von unlegiertem Stahlblech unter besonderer Berücksichtigung der Elektrodenbewegung. Dissertation, TH Aachen, 1967

[MIL13] Miles, M.; Hong, S.-T.; Woodward, C.; Jeong, Y.-H.: Spot welding of aluminum and cast iron by friction bit joining. Z. International Journal of Precision Engineering and Manufacturing 14, No. 6. 2013

[MOR06] Mori, K.; Kato, T.; Abe, Y.; Ravshanbek, Y.: Plastic joining of ultra high strength steel and aluminium alloy sheets by self piercing rivet. Z. CIRPS Annals 55, Issue 1, 2006, S.283-286

[MUE08] Mücklich, S.: Leichtbaupotenziale durch Einsatz von Leichtmetallen. Habilitation, TU Chemnitz, 2008

[NEU14] Neudel, C.: Mikrostrukturelle und mechanisch-technologische Eigenschaften widerstandspunktgeschweißter Aluminium-Stahl-Verbindungen für den Fahrzeugbau. Dissertation, Universität Erlangen, 2014

[NIP50] Nippes, E. F.; Gerken, J. M.; Maciora, I.: The Projection Welding of 0,010 and 0,020 in Steel Sheet. Z. Welding Journal 29, Heft 9, 1950, S. 441-449

[NIP52] Nippes, E. F.; Gerken, J. M.: Projection Welding of Steel in Heavy Gages and in Dissimilar Thicknesses. Z. Welding Journal 3, Heft 1, 1952, S.113-125

[OIK99] Oikawa, H.; Ohmiya, S.; Yoshimura, T.; Saitoh, T. Resistance spot welding of steel and aluminum sheet using insert metal sheet. Z. Science and Technology of Welding and Joining 4, Heft 2, 1999, S.80-88

[OST07] Ostermann, F.: Anwendungstechnologie Aluminium. 2. Auflage, Springer-Verlag, Berlin, 2007

[OTT61] Otto, E. A.: Buckelschweißen verkürzt Stückzeiten. Z. Schweißen und Schneiden 13, Heft 4, 1961, S.146-151

[PAN09] Pantou, R.: Charakterisierung von Mischverbindungen aus Aluminium und Stahl hergestellt mit dem MIG-Verfahren. Dissertation TU Dresden, 2009

[PAT01] Offenlegungsschrift DE 102008044691A1: Verfahren zur Herstellung einer Fügeverbindung. Volkswagen AG, 04.03.2010

[PAT02] Patentschrift EP 0428496A1: Verbindung für Bauteile aus unterschiedlichen Materialien. Austria Metall AG, 09.10.1990

[PAT03] Patentschrift DE 4237361C2: Verbindungs-Hilfsteil für das widerstandselektrische Verschweißen von Aluminiumblech auf Stahl und Verfahren zum Anbringen desselben. Mercedes-Benz AG, 19.09.1996

[PAT04] Patentschrift EP 0967044A3: A method for resistance electric spot welding of a first sheet of non weldable material to a second sheet of weldable material. Garnero, Pierino; Marchetto, Vincicio, 23.10.1998

[PAT05] Offenlegungsschrift DE 10015713A1: Bauteil, insbesondere für ein Fahrzeug. BMW AG, 04.10.2001

[PAT06] Offenlegungsschrift DE 102004025492A1: Verfahren zum Fügen mittels mechanischen Eintreibens und Verschweißens eines Fügeelementes, sowie derartiges Fügeelement. Volkswagen AG, 06.08.2009

[PAT07] Patentschrift EP 2127797A1: Method for joining dissimilar metals of steel product and light metal product with each other. Kobe Steel, Ltd., 04.05.2009

[PAT08] Offenlegungsschrift DE 102010020569A1: Verfahren zum thermischen Fügen von zwei Bauelementen. Volkswagen AG, 17.11.2011

[PAT09] Patentschrift US 20130309520A1: Method of bonding panels of dissimilar material and bonded structure. GM Global Technology Operations LLC, 21.11.201

[PAT10] Patentschrift WO 2014048885A3: Schweisshilfsfügeteil und Verfahren zum Verbinden von Bauteilen mit diesem Schweisshilfsfügeteil. Böllhoff Verbindungstechnik GmbH, 03.04.2014

[PAT11] Patentschrift WO 2012041515A1: Verfahren und Verbindungswerkzeug zum Verbinden zweier metallischer Elemente durch Nieten und Schweissen. Benteler Automobiltechnik GmbH, 05.04.2012

[PAT12] Patentschrift DE 102005006253B4: Verfahren zum unlösbaren Befestigen. Daimler Chrysler AG, 08.03.2007

[PAT13] Offenlegungsschrift DE 10124920A1: Verfahren zum Verbinden von Teilen mit Verbindungselementen. Hörmann-Rewema GmbH, 10.10.2002

[PET70] Petzhold, J.: Untersuchungen zur Erhöhung der Elektrodenstandzeit beim Punktschweißen verzinkter Feinbleche durch widerstandsabhängige Prozessregelung. Dissertation, RWTH Aachen, 1970

[PFE69] Pfeiffer, L.: Fachkunde des Widerstandsschweissens. Girardet Verlag, Essen, 1969

[PHI06] Philipskötter, A.: Entwicklung eines Halbhohlstanznietes für das Fügen von Mischbauweisen aus Aluminium und höherfesten Stählen. Dissertation, Universität Paderborn, 2006

[POH99] Pohle, C.: Schweißen von Werkstoffkombinationen. Metallkundliche und fertigungstechnische Grundlagen sowie Ausführungsbeispiele. DVS-Fachbuch, Band 140, Düsseldorf, 2000

[POW53] Powell, R. W.: The Electrical Resistivity of Liquid Iron. Z. National Physical Laboratory 44, Nr. 354, 1953, S.772-775

[RAB67] Rabkin, D. M.; Rjabow, W. R.: Das Schweißen von Aluminium mit Stahl. Z. Fachbuchreihe Schweißtechnik 17, Heft 10, 1967, S.448-455

[RAD96] Radscheit, C.: Laserstrahlfügen von Aluminium mit Stahl. Dissertation, Universität Bremen, 1996

[REI07] Reinstettel, M.: Laboruntersuchung zur Prozessstabilität beim Niet-Clinchen. Dissertation TU Chemnitz, 2007

[RIE04] Riedel, F.: Möglichkeiten der Optimierung von punktförmigen, form- und kraftschlüssigen Feinblechverbindungen. Schriftenreihe Fügetechnik / Schweißtechnik. Habilitationsschrift, Shaker Verlag, Chemnitz, 2004

[ROB51] Roberts, W. L.: Resistance variations during spot welding. Z. Welding Journal 30, Heft 11, 1951, S.1004-1019

[ROE08] Rösler, J.; Harders, H.; Bäker, M.: Mechanisches Verhalten der Werkstoffe. Vieweg-Teubner-Verlag; 3.Auflage, Wiesbaden, 2008

[ROH99] Rohde, A.; Hahn, O.: Stanznieten von Aluminium mit Stahl mittels Halbhohlniet. FAT-Schriftenreihe 148, Laboratorium für Werkstoff- und Fügetechnik, Universität – GH Paderborn, 1999

[RUD04a] Rudolf, H.; Graul, M.; Dorn, L.; Koppe, K.: Verfahrensoptimierung und Verfahrensentwicklung beim Widerstandspunktschweißen durch Prozesssimulation. T. 19. DVS-Sondertagung „Widerstandsschweißen 2004“, Duisburg, 26.-27.05.2004

[RUD04b] Rudolf, H.; Graul, M.; Dorn, L.; Koppe, K.: Widerstandsbolzenschweißen für Mischbauweise und hochfeste Verbindungen. DVS-Berichte 232, 2004, S.253-258

[RUD12] Rudolf, H.; Broda, T.; Bielenin, M.; Kotschote, C.; u.a.: Punktförmiges Schweißen von Aluminium-Stahl-Blechverbindungen für den Karosseriebau. T. 14. Kolloquium Widerstandsschweißen und alternative Verfahren, Halle, 17.10.2012, S.20-24

[RUD13a] Rudolf, H.; Yang, Y.; Broda, T.; Kotschote, C.: Neuartige Widerstandspunktschweißverfahren für den automobilen Aluminium-Stahl-Mischbau. T. 22. DVS-Sondertagung „Widerstandsschweißen 2013“, Duisburg, 11.-12.06.2013, S.151-157

[RUD13b] Rudolf, R.: Schweißnieten – ein Verfahren zum Fügen artfremder Werkstoffe. T. 22. DVS-Sondertagung „Widerstandsschweißen 2013“, Duisburg, 11.-12.06.2013, S.191-201

[RJA68] Rjabow, W. R.; Losowskaja, A. W.: Untersuchung der Schmelzzonen zwischen Aluminium und Stahl. Z. Fachbuchreihe Schweißtechnik 18, Heft 9; 1968, S.399-403

[SAL07] N. N.: Werkstoffblatt 11 – 112: 22MnB5 – Vergütungsstahl, borlegiert zum Kaltumformen für eine anschließende Warmumformung (presshärtbar) in kaltgewalzter Ausführung. Salzgitter Flachstahl, Ausgabe Nr. 01, Juli 2007

[SCH58] Schärrer, K.: Besondere Punktschweißverfahren. Z. Brown Boveri Mitteilungen 45, Heft 5, 1958, S.223-235

[SCH66] Schmiedgen, D.: Schweisslinsenbildung beim Widerstandsschweißen. Z. Fachbuchreihe Schweißtechnik 16, Heft 12, Berlin, 1966, S.536-540

[SCH68] Schmiedgen, D.: Schweißlinsenbildung beim Widerstandspunktschweißen und deren Beeinflussung durch den Kontaktwiderstand, Dissertation, TU Dresden, 1968

[SCH82] Scharf, G.; Grzemba, B.: Zähigkeitsverhalten von AlMgSi-Knetwerkstoffen. Aluminium 55, 1982, S.391-397

[SCH98] Schulte, A.: Untersuchungen zum Stanznieten höherfester Stahlfeinbleche. Dissertation, Universität Paderborn, 1998

[SCH99] Schubert, E.; Zerner, I.: Lasergestütztes Fügen von Werkstoffkombinationen. Z. Blech, Rohre, Profile 46, Heft 4 1999, S.76-81

[SIK15] Sikora, S.; Banik, J.; Gerber, T.; Mura, J.; u.a.: Herausforderungen und resultierende Entwicklungen in der Warmumformung von Karosseriebauteilen. T. 10. Erlanger Workshop Warmblechumformung 2015, Erlangen, 2015, S.33-46

[SIN77] Singh, S.: Beitrag zur Verbesserung und Sicherung des Tragverhaltens von Widerstandspunktschweißverbindungen an Aluminium- und Stahlwerkstoffen durch technologische Maßnahmen und durch Entwicklung einer Regeleinrichtung. Dissertation, RWTH Aachen, 1977

[SIT98] Sitte, G.; Koppe, K.; Hindorf, H.: Punktförmiges flussmittelfreies Widerstandslöten. Blech, Rohre, Profile 45, Heft 9, Bamberg, 1998, S.57-58

[SOR15] N.N.: Manual User SORPAS® 14.0 Professional, 6.0 Enterprise, Swantec

[STA09] Staubach, M.: Eigenschaften schweißgelöteter Stahl-Aluminium-Mischverbindungen unter Verwendung wärmearmer MSG-Prozesse. Dissertation, TU Dresden, 2009

[SUN00] Sun, X.: Modeling of Projection Welding Processes Using Coupled Finite Element Analyses. Z. Welding Journal, Research Supplement 79, Issue 9, 2000, S.244-251

[SUN01] Sun, X.: Effect of Projection Height on Projection Collapse and Nugget Formation. Z. Welding Journal, Research Supplement 80, Issue 9, 2001, S.211-216

[THI04] Thielicke, E.: Design und Realisierung eines elektrostatischen Mikrorelais in Oberflächen-Mikromechanik. Dissertation, TU Berlin, 2004

[THO01] Thoms, V.; Hahn, O.; Timm, M.; Flügge, W.: Fügen von Edelstahlblechen mit verzinkten Feinblechen durch Stanznieten mit Halbhohl- und Vollniet. EFB-Forschungsbericht Nr. 172, 2001

[UYM07] Uyma, F.: Untersuchungen auf dem Gebiet der Al-Mg-Si- und Al/Mg2Si-in-situ Legierungen. Dissertation, TU Bergakademie Freiberg, 2007

[VEI10] Veit, R.; Hofmann, H.; Kolleck, R.; Sikora, S.: Untersuchung der Phasenbildung bei der Erwärmung Al/SI-beschichteter Formplatinen. T. 5. Erlanger Workshop Warmblechumformung 2010, Erlangen, 08.12.2010, S.29-36

[WEB03] Weber, G.; Göklü, S.: Schweißbereiche hoch fester Stahlfeinbleche für den Rohkarosserieleichtbau – Einfluss der Schweißparameter beim Widerstandspunktschweißen. Z. Schweißen und Schneiden 55, Heft 10, 2003, S.566-575

[WIE13] Wiethop, P.: Eine Methode zur Prozesssimulation des Stanznagelns. Dissertation, TU Braunschweig, 2013

[WIT07] Wittke, K.; Scheel, W.: Die Lötverbindung – Buch 1. 2007

[YAN13] Yang, Y.; Rudolf, H.; Broda, T.: Ultraschall-Widerstandspunktschweißen – Ein neues Schweißverfahren für Aluminium-Stahl-Blechverbindungen. T. 22. DVS-Sondertagung „Widerstandsschweißen 2013“, Duisburg, 11.-12.06.2013, S.159-165

[ZER01] Zerner, I.: Prozessstabilisierung und Ergebnisse für das Laserstrahlfügen von Aluminium-Stahl-Verbindungen. Dissertation, Universität Bremen, 2001

[ZHU06] Zhu, W.-F.; Lin, Z.; Lai, X.-M.; Luo A-H.: Numerical analysis of projection welding on autobody sheet metal using a coupled finite element method. Z. International Journal of Advanced Manufacturing Technology 28, Issue 1/2, 2006, S.45-52

Normen

DIN EN 485-2 Aluminium und Aluminiumlegierungen – Bänder, Bleche und Platten – Teil 2: Mechanische Eigenschaften. Deutsche Norm, Januar 2009

DIN EN 515 Aluminium und Aluminiumlegierungen – Halbzeug. Bezeichnungen der Werkstoffzustände. Deutsche Norm, Dezember 1993

DIN EN 573-3 Aluminium und Aluminiumlegierungen – Chemische Zusammensetzung und Form von Halbzeug – Teil 3: Chemische Zusammensetzung. Deutsche Norm, Oktober 2003

DIN EN ISO 5821 Widerstandsschweißen – Punktschweiß-Elektrodenkappen. Deutsche Norm, April 2010

DIN EN 10269 Stähle und Nickellegierungen für Befestigungselemente für den Einsatz bei erhöhten und/oder tiefen Temperaturen. Deutsche Norm, Februar 2014

DIN EN ISO 10447 Widerstandsschweißen – Schäl-, Meißel- und Keilprüfung von Widerstandspunkt- und Buckelschweißverbindungen. Deutsche Norm, September 2007

DIN EN ISO 13918 Schweißen – Bolzen und Keramikringe für das Lichtbogenbolzenschweißen. Deutsche Norm, Oktober 2008

DIN EN ISO 14272 Probenmaße und Verfahren für die Kopfzugprüfung an Widerstandspunkt- und Buckelschweißungen mit geprägten Buckeln. Deutsche Norm, April 2002

DIN EN ISO 14273 Probenmaße und Verfahren für die Scherzugprüfung an Widerstandspunkt-, Rollennaht- und Buckelschweißungen mit geprägten Buckeln. Deutsche Norm, März 2002

DIN EN ISO 14327 Widerstandsschweißen – Verfahren für das Bestimmen des Schweißbereichsdiagramms für das Widerstandspunkt-, Buckel- und Rollennahtschweißen. Deutsche Norm, Juni 2004

DIN EN 28167 Buckel zum Widerstandsschweißen. Deutsche Norm, Juli 1992

DVS 2905 Buckelschweißen von Stählen, DVS-Merkblatt, Mai 2001

DVS 2916 Prüfen von Widerstandspressschweißverbindungen - Teil 1: Zerstörende Prüfung, quasistatisch. DVS-Merkblatt, Januar 2009

DVS 3410 Stanznieten – Überblick. DVS/EFB-Merkblatt, Januar 2005

9 Abbildungsverzeichnis

10 Tabellenverzeichnis